AGUJEROS NEGROS
Y PEQUEÑOS UNIVERSOS
Y OTROS ENSAYOS

STEPHEN HAWKING

AGUJEROS NEGROS
Y PEQUEÑOS UNIVERSOS
Y OTROS ENSAYOS

CRÍTICA

Diseño de portada: Óscar O. González
Diseño de interiores: Víctor M. Ortiz Pelayo

Título original: *Black Holes and Baby Universes and Other Essays*

© 1993, Stephen Hawking

Publicada mediante acuerdo con Stephen Hawking c/o University of Cambride c/o Writers House LLC, New York, NY, Estados Unidos

Derechos exclusivos en español para México, Costa Rica, El Salvador, Honduras, Guatemala, Panamá, Nicaragua y República Dominicana

© 2014, 2016, Ediciones Culturales Paidós, S.A. de C.V.
Bajo el sello editorial CRÍTICA M.R.
Avenida Presidente Masarik núm. 111, Piso 2
Polanco V Sección, Miguel Hidalgo
C.P. 11560, México, Ciudad de México
www.planetadelibros.com.mx
www.paidos.com.mx

Primera edición publicada en México: marzo de 1994
Primera edición en esta presentación: julio de 2014
Décima tercera reimpresión en esta presentación: agosto de 2021
ISBN: 978-607-9377-52-6

Impreso en los talleres de Impresora Tauro, S.A. de C.V.
Av. Año de Juárez 343, Colonia Granjas San Antonio, Iztapalapa
C.P. 09070, Ciudad de México
Impreso y hecho en México – *Printed and made in Mexico*

CONTENIDO

CONTENIDO

PRÓLOGO

Este volumen contiene una colección de textos míos escritos entre 1976 y 1992. Comprende desde bocetos autobiográficos hasta tentativas de explicar a través de la filosofía de la ciencia el interés que siento por la ciencia y el universo. El libro concluye con la reproducción de una entrevista que me hicieron para el programa de radio *Discos de la Isla Desierta*. En este programa, institución típicamente británica, solicitan al invitado que se imagine arrojado a una isla desierta y obligado a elegir ocho discos que escuchará hasta su rescate. Por fortuna, no tuve que esperar demasiado para volver a la civilización.

Como estos trabajos fueron redactados durante un período de 16 años, reflejan el estado de mis conocimientos en cada momento —confío en que hayan aumentado a lo largo del tiempo—. Indico por eso la fecha y ocasión en que los escribí. Cada uno fue desarrollado aisladamente: es inevitable, pues, que haya cierto número de repeticiones. He tratado de eliminarlas, pero subsisten algunas.

Varios de estos textos fueron concebidos para ser leídos en público. Mi expresión era tan deficiente que en conferencias y seminarios recurría a la ayuda de otra persona, por lo general, uno de los estudiantes que investigaban conmigo y que era capaz de entenderme, o que leía un texto redactado por mí, pues en 1985 sufrí una operación que me privó por completo de la voz. Por un tiempo carecí de todo medio de comunicación; luego me equiparon con un sistema informático y un excelente sintetizador de la voz. Para mi gran sorpresa, descubrí entonces que podía tener éxito como orador ante grandes audiencias. Disfruto con mis explicaciones científicas y dando respuesta a las preguntas que me formulan. Estoy seguro de que aún me queda mucho que aprender, pero creo que hago progresos. El lector juzgará por sí mismo a lo largo de estas páginas.

No estoy de acuerdo con la idea de que el universo constituye un misterio que cabe intuir pero que jamás llegaremos a analizar o a comprender plenamente. Considero que esa opinión no hace justicia a la revolución científica iniciada hace casi cuatro siglos por Galileo y desarrollada por Newton. Ellos demostraron que algunas áreas del universo no se comportaban de manera arbitraria sino que se hallaban gobernadas por leyes matemáticas precisas. Desde entonces y a lo largo de los años hemos ampliado la obra de Galileo y de Newton a casi todas las áreas del universo y ahora tenemos leyes matemáticas que gobiernan todo lo que experimentamos normalmente. Prueba de nuestro éxito es que disponemos de millones de dólares para construir máquinas gigantescas que aceleran partículas que alcanzan una energía tal que aún ignoramos lo que sucederá cuando estas choquen. Esas velocísimas partículas no existen en las situaciones terrestres normales por lo que, en consecuencia, podría parecer meramente académico e innecesario invertir tanto dinero en su estudio. Pero tuvieron que existir en el universo primitivo y, por tanto, hemos de averiguar lo que sucede con tales energías si queremos comprender cómo comenzamos nosotros y el universo.

Todavía es mucho lo que no sabemos o entendemos acerca del universo; mas el gran progreso logrado, sobre todo en los últimos cien años, debe estimularnos a creer que no se halla fuera de nuestro alcance un entendimiento pleno. Quizá no estemos condenados a avanzar siempre a tientas en la oscuridad. Puede que lleguemos a contar con una teoría completa y, en ese caso, seríamos desde luego dueños del universo.

Los artículos científicos de este volumen fueron escritos conforme a la idea de que el universo se halla gobernado por un orden que ahora podemos percibir parcialmente y que quizá comprenderemos por entero en un futuro no demasiado lejano. Tal vez ocurra que esta esperanza sea simplemente un espejismo, y que no exista una teoría definitiva o que, de haberla, no seamos capaces de descubrirla. Pero pugnar por conseguirla es, con seguridad, mejor que desesperar de la capacidad de la mente humana.

STEPHEN HAWKING
31 de marzo de 1993

UNO

NIÑEZ[1]

Nací el 8 de enero de 1942, exactamente trescientos años después de la muerte de Galileo. Calculo que aquel día vinieron al mundo 200 000 bebés más. Ignoro si alguno de ellos se interesó luego por la astronomía. Nací en Oxford, aunque mis padres vivían en Londres, porque durante la Segunda Guerra Mundial, Oxford resultaba un lugar conveniente para nacer: los alemanes habían accedido a no bombardear Oxford ni Cambridge a cambio de que los británicos no bombardeasen Heidelberg ni Gotinga. Es una lástima que este tipo de acuerdo civilizado no se haya extendido a otras ciudades.

Mi padre procedía de Yorkshire. Su abuelo, mi bisabuelo, un rico hacendado, adquirió demasiadas granjas y quebró durante la depresión agrícola de comienzos de siglo. Eso dejó en mala situación a los padres de mi progenitor, pero de cualquier modo

---

1. Este artículo y el siguiente están basados en una conferencia que pronuncié en septiembre de 1987, en la reunión de la International Motor Neurone Disease Society, en Zurich, así como en textos redactados en agosto de 1991.

consiguieron enviarle a Oxford, donde estudió medicina. Luego se dedicó a la investigación de enfermedades tropicales. En 1935 partió para África oriental. Cuando empezó la guerra cruzó toda África por tierra para alcanzar un barco que lo regresó a Inglaterra. Se presentó voluntario para el servicio militar, pero le dijeron que resultaría más valioso en la investigación médica.

Mi madre nació en Glasgow, Escocia. Fue la segunda de siete hermanos, hijos de un médico de cabecera. La familia se trasladó al sur, a Devon, cuando ella tenía 12 años y, aunque tampoco andaban sobrados de dinero, como la familia de mi padre, consiguieron enviarla a Oxford. Desempeñó varios empleos, incluyendo el de inspectora de hacienda, que no le gustaba. Renunció para hacerse secretaria. Entonces conoció a mi padre, en los primeros años de la guerra.

Vivíamos en Highgate, en el norte de Londres. Mi hermana Mary nació 18 meses después que yo. Me dijeron que no me entusiasmó su llegada. A lo largo de nuestra niñez existió entre nosotros una tensión, alimentada por la escasa diferencia de edad, que desapareció ya de adultos, cuando seguimos caminos diversos. Estudió medicina, lo que complació a mi padre. Mi hermana pequeña, Philippa, nació cuando yo tenía casi cinco años y podía entender lo que sucedía. Soy capaz de recordar cómo esperaba su nacimiento para que fuéramos tres a la hora de jugar. Fue una niña muy vehemente y perceptiva. Siempre respeté su criterio y sus opiniones. Mi hermano Edward llegó mucho más tarde, cuando yo había cumplido los 14 años, así que no formó parte de mi niñez. Fue un niño diferente de nosotros tres, más bien difícil, pero caía muy bien a todo el mundo. No mostró inclinación por los estudios o lo que fuese intelectual. Aquello probablemente nos benefició.

Mi primer recuerdo es verme en la guardería de Byron House, en Highgate, hecho un mar de lágrimas. En torno a mí había niños con juguetes que me parecían maravillosos. Hubiera querido jugar con ellos, pero solo tenía dos años y medio y era la primera vez que me quedaba a solas con extraños. Creo que mis padres se sorprendieron bastante de la reacción de su primogénito, porque habían consultado textos sobre el desarrollo infantil que recomendaban que los niños comenzasen a establecer relaciones sociales a los dos años. Sin embargo, tras aquella horrible mañana, me sacaron de allí y no volví a Byron House hasta año y medio después.

Por aquella época, durante e inmediatamente después de la guerra, Highgate era un barrio donde residían bastantes científicos y profesores. En otro país se les habría llamado intelectuales, pero los ingleses jamás han reconocido tener intelectuales. Aquellos padres enviaban a sus hijos a la escuela de Byron House, muy progresista para su época. Recuerdo que me quejaba con mis padres porque no me enseñaban nada. No creían en los métodos pedagógicos aplicados en esa época. Suponían, por el contrario, que habíamos de aprender a leer sin darnos cuenta de que nos enseñaban. Al final aprendí a leer, a la tardía edad de 8 años. A mi hermana Philippa le enseñaron conforme a métodos más convencionales y supo leer a los 4; claro está que era definitivamente mucho más brillante que yo.

Vivíamos en una casa victoriana, alta y angosta, que mis padres compraron muy barata durante la guerra, cuando todo el mundo pensaba que los bombardeos dejarían Londres arrasada. De hecho, una bomba voladora V2 cayó varios edificios más allá. Yo estaba fuera, con mi madre y mi hermana, pero a mi padre le sorprendió en casa. Por fortuna no resultó herido y la casa no sufrió grandes daños. Sin embargo, durante años subsistió el boquete que la bomba abrió junto a la calle donde solía jugar con mi amigo Howard, que vivía tres puertas más allá en dirección opuesta a la del hoyo. Howard constituyó una revelación para mí, porque sus padres no eran intelectuales como los de otros niños que yo conocía. Iba a la escuela municipal, no a Byron House, y sabía de futbol y de sexo, deportes que a mis padres jamás les hubieran interesado.

Otro de los recuerdos tempranos corresponde a mi primer tren. Durante la guerra no fabricaban juguetes, al menos para el mercado interior. Pero a mí me apasionaban los trenes. Mi padre trató de hacerme uno de madera, que no me satisfizo porque yo quería algo que funcionara, así que mi padre compró un tren de cuerda de segunda mano, lo reparó con un soldador y me lo regaló en Navidad cuando yo tenía casi tres años. Sin embargo, no funcionaba muy bien. Apenas terminada la guerra, mi padre fue a América, y cuando regresó en el *Queen Mary*, trajo varios pares de medias de nailon para mi madre, entonces inaccesibles en Gran Bretaña. A mi hermana Mary le regaló una muñeca que cerraba los ojos cuando la acostaba y a mí me compró un tren americano completo, con unas vías que formaban un ocho. Todavía recuerdo la emoción que sentí al abrir la caja.

Los trenes de cuerda estaban muy bien, pero los que de verdad me gustaban eran los eléctricos. Solía pasar horas contemplando el tendido de un club de aficionados a los trenes en miniatura en Crouch End, cerca de Highgate. Soñaba con trenes eléctricos. Finalmente, aprovechando un viaje de mis padres a algún sitio, saqué de mi cuenta de ahorros una modesta cantidad, reunida gracias al dinero que me habían ido dando en fechas especiales como la de mi bautizo, y compré un tren eléctrico que, por desgracia, no funcionaba bien. Ahora sabemos bastante de los derechos del consumidor. Tendría que haber devuelto el tren y exigido que el vendedor o el fabricante me diera otro, mas en aquellos días la gente solía pensar que comprar algo ya era un privilegio y que si no funcionaba como debiera, sería cosa de mala suerte. Así que pagué la reparación del motor eléctrico de la locomotora, pero nunca llegó a funcionar muy bien.

Más tarde, en mi adolescencia, construí aeromodelos y maquetas de barcos. Jamás tuve gran destreza manual, pero trabajaba con un amigo del colegio, John McClenahan, mucho más hábil que yo y cuyo padre disponía de un pequeño taller en casa. Mi propósito era construir modelos que pudieran funcionar bajo mi control. No me importaba su aspecto. Creo que fue ese mismo anhelo el que me indujo a inventar una serie de juegos muy complicados con otro amigo del colegio, Roger Ferneyhough. Construimos un juego completo de fábricas en las que se hacían unidades de colores diferentes, con carreteras y vías de tren para su transporte, y un mercado en donde se vendían. Teníamos un juego de la guerra, con un tablero de 4 000 casillas, y otro feudal, en el que cada jugador representaba una dinastía con su árbol genealógico. Creo que estos juegos, los trenes, barcos y aviones, surgieron de mi ansia de saber cómo funcionaban las cosas y la manera de controlarlas. Desde que inicié el doctorado, esa necesidad quedó satisfecha por mis investigaciones cosmológicas. Si uno comprende cómo opera el universo, en cierto modo lo controla.

En 1950 el centro donde trabajaba mi padre abandonó Hampstead, cerca de Highgate, y se trasladó al nuevo Instituto Nacional de Investigaciones Médicas en Mill Hill, en el límite septentrional de Londres. En vez de desplazarse desde Highgate parecía más indicado que nos fuéramos de Londres. Por ese motivo mis padres compraron un inmueble en la ciudad episcopal de Saint Albans, a unos 16 kilómetros de Mill Hill y 32 de Londres. Era una amplia casa victoriana de cierta elegancia y carácter. Mis padres no tenían una posición desahogada cuando la adquirieron y, sin embargo, hubieron de hacer bastantes arreglos antes de instalarnos. Después mi padre, que para eso era de Yorkshire, se negó a pagar más reparaciones; así que se esforzó en conservarla en buen estado y pintarla, pero se trataba de un edificio grande y él no era muy diestro en tales materias. Como la construcción era sólida resistió bien el descuido. La vendieron en 1985, cuando mi padre se encontraba ya muy enfermo (murió en 1986). La vi recientemente. Me pareció que no la habían arreglado gran cosa y que mantenía su aspecto.

La casa estaba concebida para una familia con servidumbre, que nosotros no teníamos. En la despensa había un tablero que señalaba la habitación desde la que habían tocado el timbre. Mi primer dormitorio fue un cuartito en forma de "L" que debió de haber sido de una criada. Lo reclamé a instancias de mi prima Sarah, un poco mayor que yo y a quien admiraba mucho, cuando afirmó que allí podríamos divertirnos mucho. Uno de los atractivos de la habitación era que podías saltar desde la ventana al tejado del cobertizo de las bicicletas y de allí al suelo.

Sarah era hija de la hermana mayor de mi madre, Janet, que había estudiado medicina y estaba casada con un psicoanalista. Vivían en una casa similar en Harpenden, una aldea a 8 kilómetros al norte. Esa fue una de las razones por las que nos mudamos a St. Albans. Resultaba magnífico vivir cerca de Sarah, porque podía ir con frecuencia a Harpenden en autobús. Saint Albans se encuentra cerca de las ruinas de Verulamium, la ciudad romana más importante de Gran Bretaña después de Londres. En la Edad Media contaba con el monasterio más rico del país, construido en torno del sepulcro de san Albano, un centurión romano del que se dice que fue el primer mártir cristiano de Inglaterra. Todo lo que quedaba de la abadía era una iglesia muy grande y más bien fea y el antiguo portal del monasterio, que formaba parte de la escuela de Saint Albans a la que fui después.

Saint Albans era un lugar un tanto adusto y conservador en comparación con Highgate o Harpenden. Mis padres apenas hicieron amistades allí. En parte fue culpa suya por ser más bien solitarios, sobre todo mi padre, pero es que también la gente era distinta; desde luego no cabría describir como intelectuales a ninguno de los padres de mis condiscípulos de Saint Albans.

En Highgate nuestra familia parecía bastante normal, pero creo que en Saint Albans se nos consideraba decididamente excéntricos. A esta opinión contribuía la conducta de mi padre, al que no le importaban nada las apariencias si podía evitar un gasto. Su familia había sido muy pobre cuando él era joven, circunstancia que dejó en él una perenne huella. No soportaba la idea de invertir dinero en sus propias comodidades, ni siquiera en sus últimos años cuando podía permitírselo. Se negó a instalar la calefacción central, aunque el frío le afectaba considerablemente, prefería ponerse varios suéteres y una bata sobre su ropa habitual. Sin embargo, era muy generoso con los demás.

En la década de 1950 juzgó que no podíamos pagar un coche nuevo, así que compró un taxi londinense de antes de la guerra y él y yo construimos un cobertizo de láminas de hierro como garaje. Los vecinos se mostraron muy irritados, pero no pudieron impedirlo. Como la mayoría de los niños, yo sentía la necesidad de ser igual que los demás y me avergonzaban mis padres; pero a ellos nunca les preocupó.

Cuando llegamos a Saint Albans me inscribieron en el instituto femenino; a pesar de su nombre admitía a chicos menores de diez años. Al cabo de un trimestre, mi padre emprendió uno de sus viajes a África, esta vez por un período más largo de tiempo, casi de cuatro meses. A mi madre no le gustaba quedarse sola tanto tiempo y decidió visitar con sus tres hijos a una amiga de la escuela, Berly, esposa del poeta Robert Graves. Vivían en Mallorca, en una población llamada Deya. Hacía cinco años que había concluido la guerra y aún seguía en el poder el dictador español Francisco Franco, antiguo aliado de Hitler y Mussolini (de hecho subsistiría más de dos décadas). A pesar de ello, mi madre, que antes de la guerra estuvo afiliada a las Juventudes Comunistas, se dirigió a Mallorca en barco y tren con sus tres hijos; alquiló una casa en Deya y pasamos allí una temporada maravillosa. Compartí al preceptor de

William, hijo de Robert. El tutor, protegido de Robert, estaba más interesado en escribir una obra para el festival de Edimburgo que en enseñarnos. Por ese motivo, cada día nos hacía leer un capítulo de la Biblia y escribir un texto sobre el asunto; trataba de mostrarnos la belleza de la lengua inglesa. Antes de irme leímos todo el Génesis y parte del Éxodo. Una de las principales cosas que aprendí de todo aquello fue que no debía comenzar una frase con "Y". Observé que la mayoría de las frases de la Biblia empezaban así, pero me dijo que el inglés había cambiado desde la época del rey Jacobo. Entonces, argüí, ¿por qué leíamos la Biblia? Pero fue en vano. Por esa época Robert Graves estaba muy interesado en el simbolismo y el misticismo de la Biblia.

Cuando regresamos de Mallorca me enviaron a otra escuela durante un año, y luego pasé el examen para alumnos de más de 11 años. Se trataba de una prueba de inteligencia a la que debían someterse todos los chicos que desearan seguir la educación oficial. Ya ha sido suprimida, fundamentalmente porque bastantes alumnos de la clase media no la aprobaban y eran remitidos a escuelas sin carácter académico. Yo solía obtener mejores resultados en las pruebas y exámenes que en el trabajo de curso, así que pasé la prueba y conseguí inscribirme en la escuela de Saint Albans.

A los 13 años mi padre quiso que tratara de ingresar en la Westminster School, una de las principales escuelas "públicas", es decir, privadas. Entonces se consideraba muy importante estudiar en una buena escuela privada con objeto de adquirir confianza y un círculo de amigos que te ayudasen en tu vida ulterior. Mi padre creía que la falta de amistades influyentes y la pobreza de sus progenitores habían sido un obstáculo en su carrera y consideraba que había sido relegado en favor de individuos de capacidad inferior pero con más recursos sociales. Como mis padres carecían del dinero preciso, yo tendría que aspirar a una beca. Pero caí enfermo en la época del examen para conseguirla y no me presenté. Continué, pues, en Saint Albans, donde obtuve una educación tan buena, si no mejor que la que me habrían proporcionado en Westminster. Creo que nunca ha sido para mí un obstáculo la falta de recursos sociales.

Por aquella época la educación inglesa se hallaba muy jerarquizada, no solo porque las escuelas se dividían en académicas y no académicas, sino porque, además, las primeras estaban estructuradas en los grupos A, B y C. Funcionaban bien para los del grupo A, no tanto para los del B, y mal para los del C, que pronto perdían toda motivación. A mí me destinaron al grupo A basándose en los resultados del examen para mayores de 11 años. Después del primer curso, todos los alumnos de la clase que no figuraban entre los veinte primeros fueron degradados al grupo B. Fue un duro golpe en la confianza en sí mismos del que algunos jamás se recobraron. En mis dos primeros trimestres en Saint Albans quedé el vigésimo cuarto y el vigésimo tercero, pero en el tercer trimestre subí al decimoctavo; así que me escapé por un pelo.

Nunca estuve por encima del nivel de la clase, que era muy brillante. Mis trabajos estaban muy mal presentados y mi caligrafía constituía la desesperación de los profesores. Pero mis compañeros me apodaban Einstein, así que presumiblemente advirtieron indicios de algo mejor. A los 12 años, uno de mis amigos apostó con otro una bolsa de caramelos a que yo nunca llegaría a nada. Ignoro si la apuesta quedó saldada y, de ser así, en beneficio de quién.

Tenía seis o siete amigos íntimos; con la mayoría no he perdido el contacto. Solíamos enredarnos en largas discusiones acerca de todo, desde el control por radio de la religión y la parapsicología hasta la física. Una de las cosas sobre la que hablábamos era el origen del universo y si se requería un Dios para crearlo y mantenerlo. Había oído que la luz de las galaxias lejanas se desplazaba hacia el extremo rojizo del espectro y que esto parecía indicar que el universo se hallaba en expansión (un desplazamiento hacia el azul hubiera significado que se contraía). Pero yo estaba seguro de que tenía que haber alguna otra razón para el desplazamiento hacia el rojo. Tal vez la luz se fatigaba y enrojecía en su camino hacia nosotros. Parecía mucho más natural un universo esencialmente inmutable y perenne. Tras dos años de investigación doctoral, comprendí que estaba equivocado. El universo se expande.

En mis dos últimos cursos escolares quería especializarme en matemáticas y física. El señor Tahta, profesor de matemáticas, alentaba esta inclinación y la escuela acababa de construir una nueva aula de matemáticas; pero mi padre no estaba de acuerdo. Pensaba que los matemáticos solo podían hallar salida profesional en la enseñanza. En realidad, le hubiera gustado que estudiase medicina, pero yo no revelaba ningún interés por la biología, que me parecía demasiado descriptiva y no lo bastante básica; además, su rango no era sobresaliente en la escuela. Los chicos mejor dotados se inclinaban por las matemáticas y la física; los menos brillantes, por biología. Mi padre sabía que yo no estudiaría biología, pero me indujo a estudiar química y solo una pequeña dosis de matemáticas. Consideraba que así mantendría abiertas mis opciones científicas. Poseo el título de profesor de matemáticas, aunque carecí de instrucción formal en esta materia desde que salí de Saint Albans a los 17 años. He ido aprendiendo matemáticas a medida que progresaba en mis investigaciones. En Cambridge tuve que encargarme de la supervisión de estudiantes universitarios, y durante el curso los adelantaba una semana.

Mi padre, consagrado a la investigación sobre enfermedades tropicales, solía llevarme a su laboratorio de Mill Hill y al departamento de insectos. Me gustaba sobre todo observar por el microscopio a los portadores de enfermedades tropicales, que me inquietaban, porque siempre parecía que había algunos mosquitos volando sueltos. Era muy trabajador y se dedicaba de firme a sus investigaciones, aunque estaba un tanto resentido porque consideraba que había quedado postergado por otros, no tan buenos como él pero de mejor extracción social y con las relaciones adecuadas. A menudo me prevenía contra tales personas. Creo que la física es diferente de la medicina, no importa la escuela ni quiénes sean tus amistades, sino lo que realizas.

Siempre me mostré muy interesado en averiguar cómo funcionaban las cosas y solía desarmarlas para ver cómo lo hacían, pero no tenía mucha habilidad para volver a armarlas. Mis capacidades prácticas jamás se correspondieron con mis indagaciones teóricas. Mi padre estimuló mi interés por la ciencia e incluso me ayudó en matemáticas hasta que llegué a superar sus conocimientos. Con esta formación y el trabajo de mi padre me pareció natural consagrarme a la investigación científica. En mis primeros años yo no diferenciaba entre uno y otro tipo de ciencia; a partir de los 13 o los 14 supe que quería hacer investigación en física porque constituía la ciencia más fundamental, y ello a pesar de que la física era la asignatura más tediosa de la escuela, ya que resultaba harto fácil y obvia. La química era mucho más entretenida porque allí sucedían cosas inesperadas, como una explosión. La física y la astronomía brindaban la esperanza de comprender de dónde veníamos y por qué estábamos aquí y yo deseaba sondear las remotas profundidades del universo. Tal vez lo he conseguido en una pequeña medida, pero aún es mucho lo que deseo conocer.

DOS

OXFORD Y CAMBRIDGE

Mi padre tenía un gran interés en que fuese a Oxford o a Cambridge. Él había estudiado en el University College de Oxford y en consecuencia juzgó que yo debía solicitar el ingreso porque tendría grandes posibilidades de ser admitido. Por entonces el University College carecía de profesor residente de matemáticas, lo que constituía otra razón por la que él deseaba que yo estudiase química: podía tratar de conseguir una beca en ciencias naturales en vez de matemáticas.

El resto de la familia se fue a la India por un año, pero yo tuve que quedarme para aprobar el nivel A y el ingreso en la universidad. El jefe de estudios me consideraba demasiado joven para probar fortuna en Oxford, pero en marzo de 1959 me presenté al examen de la beca con dos chicos de la escuela de un curso superior al mío. Quedé convencido de que lo había hecho muy mal y me sentí muy deprimido cuando durante el examen práctico los ayudantes de la universidad acudieron a hablar con otros aspirantes y no conmigo. Sin embargo, pocos días después de regresar de Oxford recibí un telegrama que me anunciaba el otorgamiento de la beca.

Tenía 17 años y la mayoría de los estudiantes de mi curso eran mucho mayores que yo y habían hecho el servicio militar. Me sentí bastante solo durante aquel año y parte del segundo curso. Hasta tercero no comencé a encontrarme realmente a gusto. La actitud predominante en Oxford era muy contraria al trabajo. Se suponía que había que brillar sin esfuerzo o aceptar sus limitaciones y conseguir un título de cuarta clase. Esforzarse para obtener un título de mayor categoría pasaba por ser característica de un hombre gris, el peor epíteto del vocabulario de Oxford.

En aquel tiempo, la carrera de física se hallaba dispuesta en Oxford de un modo que hacía particularmente fácil sustraerse al trabajo. Yo pasé un examen antes de ingresar y luego estuve tres años haciendo tan solo los exámenes finales. Una vez calculé que en todo ese tiempo solo había trabajado unas 1 000 horas, un promedio de una hora diaria. No me enorgullezco de tal falta de esfuerzo, simplemente describo mi actitud de entonces, la que compartía con la mayoría de mis condiscípulos: una actitud de tedio absoluto y la sensación de que no hay nada que valga la pena de un esfuerzo. Uno de los resultados de mi enfermedad fue un cambio de actitud: cuando uno se enfrenta a la posibilidad de una muerte temprana, llega a comprender el valor de la vida y que son muchas las cosas que quiere hacer.

Como no estudiaba, había pensado aprobar el examen final resolviendo problemas de física teórica y evitando las preguntas que requiriesen un conocimiento de datos, pero la tensión nerviosa me impidió dormir la noche anterior al examen y no lo hice muy bien. Quedé en la frontera entre la primera y la segunda clase, así que hube de ser interrogado por los examinadores, quienes determinarían qué título asignarme. Durante la entrevista me preguntaron acerca de mis planes para el futuro. Les conté que quería dedicarme a la investigación. Si me daban un título de primera clase, iría a Cambridge; si solo conseguía el de segunda, me quedaría en Oxford. Me dieron el de primera.

Estimé que había dos áreas posibles de la física teórica que resultaban fundamentales y sobre las que podía investigar. Una era la cosmología, el estudio de lo muy grande; la otra correspondía a las partículas elementales, al estudio de lo muy pequeño. Me parecían menos atrayentes las partículas elementales porque, si bien los científicos encontraban muchísimas nuevas, no existía una teoría adecuada sobre ellas. Todo lo que podían hacer era ordenar las partículas por familias, como en botánica. En cosmología existía una teoría bien definida: la teoría general de la relatividad de Einstein.

No había nadie en Oxford que trabajase en cosmología, pero en Cambridge estaba Fred Hoyle, el astrónomo británico más famoso de la época. Así que solicité hacer mi doctorado con Hoyle. Mi petición para investigar en Cambridge había sido aceptada bajo condición de que obtuviera título de primera clase, pero con gran disgusto de mi parte mi supervisor no sería Hoyle sino alguien llamado Denis Sciama, de quien no había oído hablar. Al final, empero, las cosas resultaron mejor de lo que suponía: Hoyle se hallaba ausente con frecuencia y probablemente no le hubiera visto mucho. En cambio, Sciama estaba siempre presente estimulándonos, aunque con frecuencia yo no estuviera de acuerdo con sus ideas.

Como no había progresado mucho en matemáticas ni en la escuela ni en Oxford, al principio me resultó muy difícil la relatividad general y no hice grandes progresos; además, durante mi último año en Oxford había advertido una cierta torpeza en mis movimientos. Poco después de llegar a Cambridge me diagnosticaron esclerosis lateral amiotrófica (ELA), o enfermedad de las neuronas motrices, como se la conoce en Inglaterra. (En Estados Unidos se denomina también enfermedad de Lou Gehrig). Los médicos no pudieron prometerme curación ni asegurarme que no empeoraría.

Al principio la enfermedad progresó con bastante rapidez. Parecía no tener sentido trabajar en mi investigación, puesto que no esperaba vivir lo suficiente para acabar mi doctorado; con el tiempo, la enfermedad redujo su progresión; además, yo empezaba a comprender la relatividad general y a avanzar en mi trabajo. Lo que realmente marcaba la diferencia era hallarme prometido con una chica llamada Jane Wilde, a quien conocí en la época en que me diagnosticaron la esclerosis lateral amiotrófica. La ilusión me proporcionó algo por qué vivir.

Para casarme tenía que conseguir un empleo y para lograrlo tenía que acabar mi doctorado. Por esa razón comencé a trabajar por primera vez en mi vida. Descubrí, sorprendido, que me gustaba. Tal vez no sea justo llamarlo trabajo. Alguien dijo una vez que los científicos y las prostitutas cobran por hacer lo que les agrada.

Decidí solicitar una beca de investigador en el Gonville and Caius College. Confiaba en que Jane mecanografiaría mi solicitud, pero cuando vino a visitarme a Cambridge traía un brazo enyesado porque había sufrido una fractura. Tengo que reconocer que me mostré menos comprensivo de lo que hubiera debido. Como se trataba del brazo izquierdo Jane pudo escribir mi solicitud al dictado y encontré a alguien que la pasó a máquina.

En la instancia tenía que mencionar a dos personas que pudiesen dar referencias sobre mi trabajo. Mi supervisor sugirió que Herman Bondi fuese una de ellas. Bondi era por entonces profesor de matemáticas en el Kings College de Londres y un experto en la relatividad general. Había hablado con él un par de veces y le dejé un trabajo que pretendía publicar en *Proceedings of the Royal Society*. Tras una conferencia que pronunció en Cambridge, le pedí que diese referencias sobre mí. Me miró de un modo vago y respondió que sí, que lo haría. Evidentemente no se acordaba, porque cuando el colegio le escribió solicitando las referencias, afirmó que nunca había oído hablar de mí. Son tantos los que aspiran a obtener becas de investigación que si uno de los mencionados como referencia por el candidato dice que no le conoce, ese es el final de todas sus posibilidades. Pero aquellos tiempos no eran tan acuciantes. El colegio me informó por escrito de la embarazosa réplica y mi supervisor se puso en contacto con Bondi y refrescó su memoria, quien proporcionó referencias probablemente mucho mejores de lo que yo merecía. Conseguí la beca y desde entonces pertenecí al Caius College.

La beca significó la posibilidad de que Jane y yo nos casáramos. La boda se celebró en julio de 1965. Pasamos una semana de luna de miel en Sufflok, que era todo lo que podía permitirme. Luego asistimos a un curso de verano sobre relatividad general en la Cornell University, en el centro del estado de Nueva York. Constituyó un error. Nos alojamos en un edificio rebosante de parejas con niños pequeños y aquello significó tensiones en nuestro matrimonio. En otros aspectos, el curso de verano me fue muy útil porque conocí a numerosas personalidades en este campo.

Hasta 1970 mis investigaciones estuvieron consagradas a la cosmología, el estudio del universo a gran escala. Mi trabajo más importante durante este período se concentró en el estudio de singularidades. Las observaciones de galaxias remotas indican que se alejan de nosotros: el universo se expande. Eso supone que en el pasado las galaxias tuvieron que hallarse más próximas. Se suscita entonces la siguiente pregunta: ¿Hubo un momento del pasado en que todas las galaxias se hallaban unas encima de otras y era infinita la densidad del universo? ¿O existió una fase previa de contracción en la que las galaxias consiguieron sustraerse a los choques? Tal vez se cruzaron y empezaron a alejarse unas de otras. La respuesta a tal interrogante exigía nuevas técnicas matemáticas, que fueron desarrolladas entre 1965 y 1970, fundamentalmente por Roger Penrose y por mí. Penrose se hallaba entonces en el Birbeck College de Londres; ahora está en Oxford. Empleamos esas técnicas para mostrar que, si era correcta la teoría general de la relatividad, tuvo que haber en el pasado un estado de densidad infinita.

Ese estado de densidad infinita recibe el nombre de singularidad del Big Bang. Significa que, de ser correcta la relatividad general, la ciencia no podría determinar cómo empezó el universo. Pero mis trabajos más recientes indican que sería posible determinar cómo empezó el universo si se tiene en cuenta la teoría de la física cuántica, la teoría de lo muy pequeño.

La relatividad general predice además que las grandes estrellas se colapsarán sobre sí mismas cuando hayan agotado su combustible nuclear. El trabajo que realizamos Penrose y yo mostró que seguirían contrayéndose hasta haber alcanzado una singularidad de densidad infinita, que significaría el final del tiempo, al menos para la estrella y todo lo que contenga. El campo gravitatorio de la singularidad sería tan fuerte que la luz no podría escapar de la región circundante quedando retenida por el campo gravitatorio. La región de la que no es posible escapar recibe el nombre de *agujero negro* y su frontera el de *horizonte de sucesos*. Algo o alguien que caiga en el agujero negro a través del horizonte de sucesos alcanzará, en la singularidad, un final de tiempo.

En los agujeros negros pensaba cuando fui a acostarme una noche de 1970, poco después del nacimiento de mi hija Lucy. De repente comprendí que muchas de las técnicas que habíamos desarrollado Penrose y yo para demostrar la existencia de singularidades eran susceptibles de aplicación a los agujeros negros. En especial, el área del horizonte de sucesos, la frontera del agujero negro, no podría menguar con el tiempo. Y cuando chocasen dos agujeros negros y se integraran para constituir uno solo, el área del horizonte del agujero final sería superior a la suma de las áreas de los horizontes de los agujeros negros originarios. Esto suponía un límite importante al volumen de energía que podía emitirse en la colisión. Me sentí tan excitado que aquella noche no dormí gran cosa.

De 1970 a 1974 me consagré fundamentalmente a los agujeros negros. Fue en 1974 cuando quizá hice mi descubrimiento más sorprendente: ¡los agujeros negros no son completamente negros! Si se tiene en cuenta la conducta de la materia en pequeña escala, partículas y radiación pueden escapar de un agujero negro. Este emite radiación como si fuese un cuerpo caliente.

Desde 1974 he trabajado en la tarea de combinar la relatividad general y la mecánica cuántica para lograr una teoría consistente. Uno de los resultados de este trabajo fue la afirmación que formulé en 1983, junto a Jim Hartle de la Universidad de California, en Santa Bárbara: tanto el tiempo como el espacio son finitos en su extensión, pero carecen de frontera o límite alguno. Son como la superficie de la Tierra pero con dos dimensiones más. La superficie de la Tierra tiene un área finita pero no fronteras. En ninguno de mis viajes caí jamás en el fin del mundo. Si esta afirmación es correcta, no habría singularidades y las leyes de la ciencia serían aplicables en todas partes, incluyendo el comienzo del universo. Las leyes de la ciencia podrían determinar el modo en que comenzó el universo. Habría hecho realidad mi ambición de descubrir *cómo* empezó el universo. Pero ignoro aún *por qué* comenzó.

TRES

MI EXPERIENCIA CON LA ELA[2]

A menudo me preguntan: ¿qué siente al padecer esclerosis lateral amiotrófica? La respuesta no es gran cosa. Trato de llevar una vida lo más normal posible y de no pensar en mi condición o lamentar las cosas que me impide hacer, que no son demasiadas.

Fue un choque terrible saber que padecía esa enfermedad. De niño nunca había sobresalido por mi coordinación física. No destacaba con la pelota y tal vez por eso no me interesaron mucho los deportes o las actividades físicas, pero las cosas parecieron cambiar cuando llegué a Oxford. Empecé a remar y también me entrené como timonel. No es que alcanzara categoría suficiente para participar en la célebre regata, pero logré el nivel de las competencias intercolegiales.

Durante mi tercer año en Oxford advertí una progresiva torpeza y me caí una o dos veces sin razón aparente. Al año siguiente,

_____

2. Conferencia pronunciada en octubre de 1987 ante la British Motor Neurone Disease Association, en Birmingham.

cuando ya estaba en Cambridge, mi madre se dio cuenta y me llevó al médico de cabecera. Este me remitió a un especialista y poco después de cumplir los 21 años ingresé en un hospital para un reconocimiento. Permanecí allí dos semanas y fui sometido a una amplia variedad de pruebas. Tomaron una muestra muscular de mi brazo, me pusieron electrodos, inyectaron en mi columna vertebral un líquido opaco a las radiaciones y a través de los rayos X lo vieron subir y bajar mientras inclinaban la cama. Terminadas las pruebas, no me dijeron qué tenía, tan solo me explicaron que no se trataba de esclerosis múltiple y que yo era un caso atípico. Supuse, sin embargo, que pensaban que empeoraría y que no había nada que hacer conmigo excepto darme vitaminas. Pude advertir que no confiaban en que me hicieran mucho efecto. No quise conocer más detalles, porque evidentemente serían malos.

Saber que padecía una enfermedad incurable que probablemente me mataría en unos pocos años fue un gran choque emocional. ¿Cómo podía sucederme una cosa semejante? ¿Por qué iba a quedar eliminado de ese modo? Mientras me hallaba en el hospital, vi morir de leucemia en una cama próxima a la mía a un chico al que conocía vagamente. No fue un espectáculo agradable. Estaba claro que había personas en peor estado. Al menos mi condición no me hacía sentirme mal. Siempre que me inclino a experimentar lástima de mí mismo, recuerdo a aquel chico.

Quedaba el cabo suelto de ignorar lo que iba a ser de mí o la rapidez con que progresaría la enfermedad. Los médicos me dijeron que regresara a Cambridge a proseguir las investigaciones que acababa de iniciar sobre relatividad general y cosmología. Pero no estaba haciendo grandes progresos porque no poseía una gran base matemática y, en cualquier caso, quizá no viviría lo suficiente para concluir el doctorado. Me sentí en cierto modo un personaje de tragedia. Empecé a oír música de Wagner. Son exageradas las noticias periodísticas de que bebía en exceso. Lo malo fue que, cuando apareció ese dato en un artículo, todos los demás lo repitieron porque sonaba bien. Ha de ser cierto lo que se publica muchas veces.

Por entonces empecé a tener sueños bastantes desagradables. Antes de que diagnosticaran mi enfermedad, me sentía muy aburrido con la vida. No parecía existir nada que valiera la pena, aunque poco después de salir del hospital soñé que iba a ser ejecutado, y de repente comprendí que eran muchas las cosas valiosas que podía hacer si fuese indultado. En otro sueño, varias veces repetido, sacrificaba mi vida por salvar a otros. Al fin y al cabo, si de todas maneras iba a morir, podía hacer bien a alguien.

Pero la muerte no sobrevino. Y aunque sobre mi futuro se cernía una nube, descubrí, sorprendido, que disfrutaba de la vida más que antes. Comencé a progresar en mis investigaciones, me comprometí, contraje matrimonio y obtuve una beca de investigación en el Caius College de Cambridge.

La beca del Caius resolvió mi problema inmediato de empleo. Por fortuna había optado por la física teórica, que era una de las pocas áreas en donde mi condición física no constituiría un obstáculo serio. Y tuve la suerte de que mi reputación científica aumentara al tiempo que mi incapacidad iba haciéndose mayor, lo que significó que se me brindara una serie de puestos en los que podía dedicarme a investigar sin dar clase.

Tuvimos también suerte en la vivienda. Cuando nos casamos, Jane estudiaba en el Wesfield College de Londres, al que tenía que acudir durante la semana. Eso suponía la necesidad de hallar un sitio en donde yo pudiera arreglarme solo y que fuese céntrico, porque no era capaz de andar mucho. Pregunté en el colegio si podían ayudarme, pero el tesorero me dijo que la política de la institución vedaba la ayuda a los becarios en asuntos de vivienda. Solicitamos entonces alquilar un departamento en unos edificios en construcción en la zona comercial (años más tarde supe que eran en realidad del colegio). Cuando regresamos a Cambridge tras nuestro verano en América, no estaban terminados todavía. Como gran concesión, el tesorero nos ofreció una habitación en una residencia para graduados, diciéndonos: "Normalmente cobramos 12 chelines y 6 peniques diarios por esa habitación, pero como ustedes son dos, les cobraré 25 chelines".

Solo estuvimos allí tres noches. Luego encontramos una casita a menos de cien metros de mi departamento de la universidad. Pertenecía a otro colegio, que la había alquilado a uno de sus becarios, que se había trasladado a los suburbios y nos la subarrendó por los tres meses que quedaban de alquiler. Durante ese tiempo hallamos otra casa vacía en la misma calle. Un vecino llamó a la propietaria, que vivía en Dorset, y le dijo que le parecía un escándalo que la casa estuviese desocupada cuando había jóvenes que necesitaban vivienda; así que nos la alquiló. Después de vivir allí durante varios años, quisimos comprarla y solicitamos de mi colegio una hipoteca. Estudiaron la cuestión y decidieron que el riesgo no era recomendable; al final, obtuvimos la hipoteca de una inmobiliaria y mis padres completaron la suma.

Estuvimos allí cuatro años hasta que se me hizo demasiado difícil utilizar la escalera. Para entonces el colegio me apreciaba más y había cambiado de tesorero. Nos ofrecieron una vivienda de planta baja en una casa de su propiedad. Me convenía porque las habitaciones eran grandes y las puertas anchas. Estaba suficientemente céntrica para poder ir en la silla de ruedas eléctrica hasta mi departamento de la universidad o al colegio. Era también ideal para nuestros tres hijos, porque estaba rodeada de jardín cuidado por personal del colegio.

Hasta 1974 pude comer, acostarme y levantarme solo. Jane consiguió atenderme y criar a dos hijos sin ayuda adicional. Pero después las cosas empeoraron, así que tuvimos que admitir en casa a uno de los estudiantes que investigaba conmigo, quien, a cambio de alojamiento gratis y de las atenciones pertinentes, me ayudaba a levantarme y acostarme. En 1980 pasamos a depender de un sistema de enfermeras municipales y particulares que venían una hora o dos por la mañana y por la noche, y de este modo continuamos hasta que en 1985 contraje una neumonía. Hube de sufrir una traqueotomía y a partir de entonces necesité asistencia durante las 24 horas del día, financiada por subvenciones de varias fundaciones.

Antes de la operación, mi voz fue volviéndose cada vez más confusa, hasta el punto de que solo podían entenderme quienes me conocían bien, pero al menos era capaz de comunicarme. Redactaba trabajos científicos que dictaba a una secretaria, e impartía seminarios mediante un intérprete que repetía con claridad mis palabras. La traqueotomía me privó por completo del habla. Durante un tiempo mi único medio de expresión consistió en deletrear las palabras, alzando las cejas cuando alguien señalaba la letra correcta en un alfabeto. Es verdaderamente difícil llevar una conversación de ese modo y mucho más redactar un trabajo científico. Pero un experto en computadoras de California, Walt Woltosz, se enteró de mi situación y me envió un programa informático llamado Equalizer, que me permitía seleccionar en la pantalla palabras de una serie de menús, oprimiendo manualmente un conmutador. El programa podía ser asimismo controlado con un gesto de la cabeza o un movimiento ocular. Una vez determinado lo que deseaba decir, lo enviaba a un sintetizador de la voz. Al principio me limitaba a utilizar el programa Equalizer en una computadora de mesa, luego David Mason, de Cambridge Adaptative Communications, acopló a mi silla de ruedas una pequeña computadora personal y un sintetizador de voz. Este sistema me permite comunicarme mucho mejor que antes; consigo elaborar hasta 15 palabras por minuto y puedo expresar lo que he escrito o guardarlo en disco, luego lo imprimo o lo llamo y me comunico frase por frase. Mediante este sistema he escrito dos libros y diversos trabajos científicos, asimismo he pronunciado cierto número de conferencias científicas y de divulgación, que fueron bien captadas, en gran parte gracias a la calidad del sintetizador de voz, fabricado por Speech Plus. La propia voz es muy importante. Si resulta ininteligible, es probable que la gente te trate como si fueras un deficiente mental. Este sintetizador es con mucho el mejor que he oído porque varía la entonación y no habla como un robot. El único inconveniente es que me da un acento norteamericano, pero ya me siento identificado con esa voz. No querría cambiarla aunque me ofreciesen una con acento británico porque me parecería haberme convertido en una persona diferente.

He padecido durante casi toda mi vida de adulto una enfermedad de las neuronas motrices. Pero eso no me ha impedido tener una familia maravillosa y alcanzar el éxito en mi trabajo. Y ello gracias a la ayuda que recibí de mi esposa, de mis hijos y de un gran número de personas e instituciones. Tuve la suerte de que mi afección progresara más lentamente de lo que es habitual. Revela que jamás hay que perder la esperanza.

CUATRO

CUATRO

ACTITUDES DEL PÚBLICO
HACIA LA CIENCIA[3]

Nos guste o no, el mundo en que vivimos ha cambiado mucho en los últimos cien años y es probable que cambie aún más en el próximo siglo. Algunos preferirían detener tales cambios y retornar a la que consideran una edad más pura y simple. Pero, como muestra la historia, el pasado no fue tan maravilloso. No resultaba tan malo para una minoría privilegiada, aunque no dispusiera de la medicina moderna y el parto constituyese un serio peligro para todas las mujeres; para la mayoría de la población la vida era desagradable, brutal y breve.

En cualquier caso, y aunque uno lo desee, no es posible hacer retroceder el reloj a un tiempo anterior. No se pueden olvidar los conocimientos y las técnicas adquiridos, ni impedir los ulteriores progresos. Aunque se suspendiera toda la financiación oficial de las investigaciones (y el gobierno actual hace al respecto

---

3. Discurso pronunciado en Oviedo al recibir, en octubre de 1989, el Premio Príncipe de Asturias de la Concordia.

cuanto puede), la fuerza de la competición determinaría todavía progresos tecnológicos. Tampoco es posible impedir que mentes indagadoras reflexionen sobre la ciencia básica, tanto si se les paga como si no. El único medio de evitar avances ulteriores sería un estado mundial totalitario que suprimiese todas las investigaciones, pero la iniciativa y el ingenio humano son tales que ni siquiera así se lograría. Lo más que se conseguiría sería reducir el ritmo del cambio.

Si aceptamos la imposibilidad de evitar que la ciencia y la tecnología transformen nuestro mundo, debemos tratar de asegurarnos de que los cambios se operen en la dirección correcta. En una sociedad democrática esto significa que el público ha de tener un entendimiento básico de la ciencia para poder tomar decisiones informadas y no dejarlas en manos de los expertos. Actualmente, el público revela ante la ciencia una actitud más bien ambivalente. Confía en que los nuevos descubrimientos científicos y tecnológicos signifiquen un incremento constante del nivel de vida, pero también recela de la ciencia porque no la comprende. La desconfianza resulta evidente en la imagen caricaturizada del científico loco que trabaja en su laboratorio para crear un Frankenstein. Constituye también un importante elemento de respaldo para los partidos ecologistas. Posee un gran interés por la ciencia, especialmente por la astronomía, como revelan las grandes audiencias de ciertas series de televisión como *Cosmos* y por la ciencia ficción.

¿Qué se puede hacer para encauzar este interés y proporcionar al público la base científica precisa a la hora de tomar decisiones sobre asuntos como la lluvia ácida, el efecto de invernadero, las armas nucleares o la ingeniería genética? Está claro que la base radica en lo que se enseña en las escuelas, pero a menudo se presenta a la ciencia de un modo indigesto y carente de atractivo. Los niños aprenden de memoria una serie de conocimientos con el fin de aprobar los exámenes y no advierten su relevancia en el mundo que los rodea. Por añadidura, la ciencia se enseña en términos de ecuaciones. Aunque constituyan un medio conciso y preciso de describir ideas matemáticas, las ecuaciones asustan a la mayoría. Cuando recientemente escribí un libro de divulgación, se me advirtió que cada ecuación que contuviera reduciría las ventas a la mitad. Incluí una ecuación, la famosa de Einstein, $E=mc2$. Tal vez habría vendido el doble número de ejemplares si no la hubiese utilizado.

Científicos e ingenieros tienden a expresar sus ideas en forma de ecuaciones porque necesitan conocer el valor preciso de las cantidades, mas, para el resto de nosotros, basta con captar cualitativamente los conceptos científicos y hasta ahí se puede llegar por medio de palabras y dibujos, sin el empleo de ecuaciones.

La ciencia que los individuos adquieren en la escuela puede proporcionarles el marco básico, pero el ritmo del progreso científico es tan rápido que siempre surgen nuevos descubrimientos después de dejar la escuela o la universidad. Jamás aprendí en la escuela nada acerca de la biología molecular o de los transistores y, sin embargo, la ingeniería genética y las computadoras son dos de las innovaciones que probablemente cambiarán más nuestro modo de vida futura. Volúmenes y artículos de divulgación pueden contribuir a familiarizarnos con los nuevos descubrimientos, pero hasta el libro de mayor éxito solo lo lee un pequeño porcentaje de la población. Únicamente la televisión puede llegar a una auténtica audiencia de masas. Hay en televisión algunos buenos programas sobre ciencia, otros presentan sus maravillas como cosa de magia, sin explicarlas o sin mostrar cómo encajan en el marco de las ideas científicas. Los productores de los programas científicos de televisión deben comprender que les incumbe la responsabilidad de instruir al público y no simplemente de distraerlo.

¿Cuáles son las cuestiones relacionadas con la ciencia sobre las que el público habrá de decidir en un futuro próximo? Con mucho, la más acuciante es la de las armas nucleares. Otros problemas globales, como la producción de alimentos o el efecto invernadero, son de efectos relativamente lentos, pero una guerra nuclear significa el final de toda la vida humana sobre la Tierra. La relajación de las tensiones entre el Este y el Oeste, determinada por el final de la guerra fría, ha significado en la conciencia del público la disminución del miedo a la guerra nuclear, pero subsistirá el peligro mientras haya armas suficientes para exterminar muchas veces a toda la población del planeta. En los antiguos estados soviéticos y en los Estados Unidos existen armas nucleares dispuestas a caer sobre todas las ciudades del hemisferio septentrional. Bastaría el error de una computadora o la sedición de algunos de los que manejan las armas para desencadenar una guerra global. Aún más inquietante es el hecho de que estén adquiriendo armas nucleares potencias relativamente pequeñas. Las grandes naciones se han comportado de modo razonable, pero no es posible confiar en que las imiten pequeñas potencias como Libia, Irak, Pakistán e incluso Azerbaiyán. El peligro no estriba tanto en las armas nucleares que tales naciones puedan poseer pronto (aun siendo bastante rudimentarias, son capaces de matar a millones de personas), cuanto en el riesgo de que una posible confrontación nuclear entre dos pequeños países arrastre a la contienda a las grandes potencias con sus enormes arsenales.

Es muy importante que el público advierta el peligro y que acucie a todos los gobiernos a que accedan a reducir su armamento. Probablemente no será práctico eliminar las armas nucleares, pero cabe aminorar el riesgo, disminuyendo su número.

Aunque consigamos evitar una guerra nuclear, todavía existen otros peligros. Según un chiste macabro, la razón de que no hayamos establecido contacto con ninguna cultura alienígena es que las otras civilizaciones tienden a destruirse cuando alcanzan nuestro nivel. Pero yo tengo fe suficiente en el buen sentido de las personas para creer que somos capaces de demostrar que eso no es cierto.

CINCO

HISTORIA DE UNA *HISTORIA*[4]

Todavía me asombra la acogida dispensada a mi libro *Historia del tiempo*. Ha estado 37 semanas en la lista de obras más vendidas del *New York Times* y veintiocho en la de *The Sunday Times* de Londres. (Su publicación en Estados Unidos precedió a la de Gran Bretaña). Y ha sido traducido a veinte idiomas (21 si se cuenta el norteamericano como diferente del inglés). Es mucho más de lo que esperaba cuando en 1982 se me ocurrió la idea de escribir un libro de divulgación acerca del universo. Me proponía en parte ganar dinero suficiente con qué pagar la escuela de mi hija (de hecho, el volumen apareció cuando estudiaba el último

---

4. Este trabajo fue publicado originariamente como artículo en *The Independent*, en diciembre de 1988. *Historia del tiempo* se mantuvo durante 53 semanas en la lista de libros más vendidos que publica el *New York Times*. Por lo que se refiere a la Gran Bretaña, en febrero de 1993 llevaba 205 semanas en la lista de *The Sunday Times* de Londres. En la semana número 184 fue inscrito en el *Guinness* por haber logrado el mayor número de menciones en esa lista. Las ediciones de sus traducciones superan las 35.

curso), pero la razón principal era mi deseo de explicar hasta qué punto habíamos llegado en nuestra comprensión del universo: a qué distancia podíamos estar de descubrir una teoría completa que describiera el universo y todo cuanto contiene.

Si iba a dedicar tiempo y esfuerzo a escribir un libro, pretendía que llegase al mayor número posible de personas. Mis anteriores obras técnicas fueron publicadas por Cambridge University Press, editorial que había realizado un buen trabajo, pero consideré que no se hallaba realmente orientada al tipo de mercado de masas al que yo aspiraba llegar. Por ese motivo recurrí a un agente literario, Al Zuckerman, cuñado de un compañero mío, le entregué un borrador del primer capítulo y le expliqué que deseaba que fuese el tipo de libro que se vendiera en los quioscos de los aeropuertos. Me dijo que no tenía probabilidad alguna al respecto; puede que se vendiese bien entre investigadores y estudiantes, pero jamás irrumpiría en el territorio de Jeffrey Archer.

En 1984 confié a Zuckerman el primer borrador de toda la obra. Lo envió a varios editores y me recomendó que aceptase una oferta de Norton, editorial norteamericana bastante acreditada en el mercado. Pero opté por la oferta de Bantam, empresa más orientada hacia el mercado popular. Aunque Bantam no se especializaba en libros científicos, los suyos estaban a la venta en los quioscos de aeropuertos. Si admitieron mi original fue probablemente gracias al interés manifestado por uno de sus editores, Peter Guzzardi, quien tomó muy en serio su tarea y me obligó a redactar de nuevo la obra para que fuese comprensible a lectores no científicos, como él mismo. Cada vez que le enviaba un capítulo redactado de nuevo, me remitía una larga lista de objeciones y cuestiones que quería que aclarase. Llegué a pensar que jamás acabaría ese proceso, pero él estaba en lo cierto: el resultado fue un libro mucho mejor.

Contraje una neumonía poco después de aceptar la oferta de Bantam. Me practicaron una traqueotomía que me privó de la voz y por algún tiempo solo pude comunicarme con movimientos de cejas cuando alguien me señalaba las letras de un abecedario. Hubiera sido completamente imposible acabar el libro de no ser por el programa informático que me enviaron. Era un poco lento, pero yo también pienso lentamente, así que resultó muy bien. Con ese programa y en respuesta a los apremios de Guzzardi rehice casi por completo mi primer borrador. Brian Whitt, uno de mis estudiantes, me ayudó a efectuar la revisión.

Me impresionó la serie de televisión de Jacob Bronowski *El progreso del hombre* (hoy no se toleraría un título tan sexista). Daba a conocer los logros de la raza humana dese los salvajes primitivos de hace tan solo 15 000 años hasta nuestro estado actual.

Yo pretendí transmitir un conocimiento semejante en lo que se refiere a nuestro progreso hasta llegar a una comprensión completa de las leyes que gobiernan el universo. Estaba seguro de que a casi todo el mundo le interesaba saber cómo opera el universo, pero la mayoría de las personas no son capaces de seguir las ecuaciones matemáticas. Tampoco a mí me apasionan las ecuaciones y ello porque me resulta difícil escribirlas, pero más que nada porque carezco del conocimiento intuitivo que requieren las ecuaciones; en cambio, pienso en términos gráficos y me propuse describir con palabras estas imágenes mentales, con la ayuda de analogías familiares y de unos cuantos dibujos. Confiaba en que de esta manera la mayoría de los lectores podrían compartir el interés y la sensación de logro en el notable progreso efectuado en la física durante los últimos 25 años.

Aun así, si uno rehúye las matemáticas, algunas de las ideas no resultan familiares y son difíciles de explicar. Esto planteaba un problema. ¿Debería tratar de explicarlas y correr el riesgo de confundir al lector o sería mejor soslayar las dificultades? Conceptos tan exóticos como el hecho de que observadores que se desplacen a velocidades diferentes midan tiempos distintos entre un mismo par de sucesos no eran esenciales para el cuadro que trataba de trazar. Por eso consideré que debía mencionarlos sin profundizar más allá. Pero algunas ideas difíciles resultaban básicas para lo que pretendía lograr. Había en especial dos conceptos que consideré preciso incluir. Uno era el llamado *conjunto de historias*. Se trata de la idea de que no existe simplemente una historia para el universo, sino una colección de historias posibles del universo y todas son igualmente reales (sea cual fuere lo que ello signifique). La otra idea, necesaria para que tenga un sentido matemático el conjunto de historias, es la del *tiempo imaginario*. Ahora creo que debería haberme esforzado más por explicar estos dos dificilísimos conceptos, sobre todo el del tiempo imaginario, que parece ser el punto en el que han tropezado más lectores. No resulta verdaderamente necesario entender con precisión lo que es el tiempo imaginario; basta con considerar que difiere de lo que llamamos tiempo *real*.

Cuando estaba próxima la publicación del libro, un científico al que la editorial envió un ejemplar para que lo reseñase en la revista *Nature* se horrorizó al hallarlo rebosante de errores y los pies de fotos y dibujos trastocados. Llamó inmediatamente a Bantam; los editores, igualmente horrorizados, decidieron aquel mismo día prescindir del texto fallido. Comenzó al instante el laborioso proceso de corregir la obra a tiempo de que estuviese en las librerías en la fecha fijada. Para entonces, el semanario *Time* había publicado mi perfil biográfico. Incluso así, los editores se mostraron sorprendidos por la demanda. El libro ha conocido ya 17 ediciones en Estados Unidos y diez en Gran Bretaña.[5]

¿Por qué lo compró tanta gente? Me resulta difícil tener la seguridad de ser objetivo; creo que me atenderé a lo que dijeron otros. Considero que la mayor parte de las críticas, aunque favo-

---

5. En febrero de 1993, en Estados Unidos eran ya cuarenta las ediciones en tapa dura y 16 las de bolsillo.

rables, no fueron ilustrativas. Tendieron a seguir la siguiente fórmula: Stephen Hawking padece la enfermedad de Lou Gehrig (en las reseñas norteamericanas) o la de las neuronas motrices (en las británicas); se halla confinado en una silla de ruedas; no puede hablar y solo es capaz de mover x número de dedos (en donde x parece variar de uno a tres, según el artículo erróneo que el crítico hubiera leído sobre mí); sin embargo, ha escrito esta obra sobre la gran interrogante humana: ¿De dónde venimos y hacia dónde vamos? La respuesta que Hawking propone es que el universo ni se crea ni se destruye: simplemente es. Con objeto de expresar esta idea, Hawking introduce el concepto de *tiempo imaginario*, que me parece (señala el crítico) un poco difícil de entender, pero, si Hawking tiene razón y descubrimos una teoría por completo unificada, conoceremos realmente la mente de Dios. (En la etapa de pruebas estuve a punto de eliminar esta última frase del libro en lo que se refería a conocer la mente de Dios. De haberlo hecho, puede que las ventas se hubieran reducido a la mitad).

Más acertado (en mi opinión) fue un artículo de *The Independent* (un diario de Londres) que afirmó que incluso una obra científica seria, como *Historia del tiempo*, podía convertirse en libro de culto. Mi esposa se sintió horrorizada, pero a mí me halagó que comparasen mi obra con *Zen y el arte del mantenimiento de la moto*. Espero que, como el *Zen*, mi libro proporcione a la gente la idea de que no tiene que marginarse de las grandes cuestiones intelectuales y filosóficas.

Es indudable que ayudó el interés humano en cómo habría conseguido ser un físico teórico a pesar de mi invalidez. Pero quienes adquirieron el libro atraídos por ese interés humano quizá se sintieron un tanto decepcionados, porque la obra solo contiene un par de referencias a mi condición: el libro pretendía ser una historia del universo, no de mí. Eso no impidió que acusasen a Bantam de explotar vergonzosamente mi enfermedad y a mí de permitirlo, autorizándoles a que apareciese mi fotografía en la portada. Conforme al contrato, yo carecía de control alguno sobre la portada. Sin embargo, convencí a Bantam para que empleara en la edición británica una fotografía mejor que la horrible y anticuada que empleó en la edición norteamericana. Bantam no cambió la portada norteamericana porque dijeron que el público de Estados Unidos la identifica ahora con el libro.

También se ha afirmado que la gente lo compra porque han leído sus críticas o porque figura en la lista de libros más vendidos, pero que no lo leen; simplemente lo tienen en una estantería o sobre la mesita del café, beneficiándose del crédito de lectores sin haber tenido que esforzarse en comprenderlo. Estoy seguro de que es así, pero no creo que rebase lo que sucede con otras obras más serias, incluyendo la Biblia y Shakespeare. Por otro lado, sé que algunas personas lo han leído porque cada día recibo un montón de cartas sobre mi libro, muchas de las cuales formulan preguntas o hacen comentarios minuciosos que indican una lectura, aunque no lo hayan entendido todo. Además, en la calle me paran desconocidos para decirme cuánto disfrutaron con la obra. Claro está que soy más fácilmente identificado y más distintivo, si no distinguido, que la mayoría de los autores, pero la frecuencia con que recibo tales felicitaciones del público (para turbación de mi hijo de 9 años) parece indicar que al menos una buena proporción de los que compran el libro lo leen verdaderamente.

Me preguntan que qué escribiré ahora. Considero que difícilmente podría escribir una secuela de *Historia del tiempo*. ¿Cómo la titularía? *¿Más allá del final del tiempo? ¿Hijo del tiempo?* Mi agente me ha sugerido que autorice el rodaje de una película sobre mi vida; pero poco nos respetaríamos mi familia y yo si permitiéramos ser encarnados por unos actores. Lo mismo sucedería, aunque en menor grado, si autorizara y ayudara a alguien a escribir mi biografía. Claro está que no puedo impedir que cualquiera la haga por su cuenta, mientras no constituya una difamación; sin embargo, trato de evitarlo alegando que estoy considerando la posibilidad de redactar mi autobiografía. Tal vez lo haga. Pero no tengo prisa. Aún es mucho lo que he de hacer antes.

SEIS

MI POSICIÓN[6]

E ste artículo no se refiere a si creo en Dios. Examinaré, en realidad, cómo creo que cabe entender el universo; cuál es el rango y la significación de una gran teoría unificada y completa, una "teoría de todo". Hay aquí un auténtico problema. Quienes deberían estudiar y debatir tales cuestiones, los filósofos, carecen en su mayor parte de preparación matemática suficiente para estar al tanto de las últimas evoluciones registradas en la física teórica. Existe una subespecie, la de los llamados filósofos de la ciencia, que tendría que hallarse mejor equipada al respecto. Muchos de ellos son físicos frustrados a quienes les resultó demasiado difícil inventar nuevas teorías y optaron por escribir sobre la filosofía de la física. Todavía debaten teorías científicas de los primeros años de este siglo, como la relatividad y la mecánica cuántica. No están en contacto con la frontera actual de la física.

---

6. Originalmente constituyó una conferencia pronunciada en el Caius College, en mayo de 1992.

Quizás me muestro un tanto duro con los filósofos, pero ellos tampoco han sido muy amables conmigo. Han dicho de mi teoría que era ingenua y simplista. He sido diversamente calificado de nominalista, instrumentalista, positivista, realista y algunos otros istas. La técnica parece consistir en la refutación por la desacreditación: si es usted capaz de etiquetar mi enfoque, no está obligado a decir qué es lo que tiene de malo. Cualquiera conoce desde luego los errores fatales de todos esos ismos.

Quienes realmente logran progresos en la física teórica no piensan en los términos de las categorías que más tarde inventan para ellos filósofos e historiadores de la ciencia. Estoy seguro de que Einstein, Heisenberg y Dirac no se preocupaban de si eran realistas o instrumentalistas, simplemente les inquietaba que las teorías existentes no encajaban. Dentro de la física teórica, la búsqueda de una autoconsistencia lógica ha sido siempre más importante para progresar que los resultados experimentales. Se han rechazado teorías, ingeniosas y bellas, porque no coincidían con la observación; pero no conozco ninguna gran teoría desarrollada exclusivamente sobre la base de la experimentación. La teoría siempre viene primero, alentada por el deseo de contar con un modelo matemático ingenioso y consecuente. La teoría formula, entonces, predicciones que pueden ser comprobadas por las observaciones; si estas coinciden con las predicciones, eso no prueba la teoría; pero la teoría sobrevive para formular predicciones ulteriores, que vuelven a ser comprobadas con las observaciones; si todavía no coinciden con las predicciones, hay que abandonar la teoría.

O esto es más bien lo que se supone que sucede. En la práctica, los investigadores no se muestran propicios a renunciar a una teoría a la que han consagrado mucho tiempo y esfuerzo. En general comienzan por poner en tela de juicio la precisión de las observaciones; si eso falla, tratan de modificar su teoría de un modo *ad hoc*. Con el tiempo, la teoría se convierte en un edificio agrietado y horrible; entonces alguien sugiere una nueva teoría en la que, de una manera ingeniosa y natural, se explican todas las observaciones embarazosas. Un ejemplo al respecto fue el del experimento de Michelson-Morley, llevado a cabo en 1887, que mostró que la velocidad de la luz era siempre la misma, fuera cual fuese la velocidad de la fuente o del observador. Pareció ridículo. Con seguridad, alguien que se desplazase hacia la luz hallaría que se movía a una velocidad superior a la que determinaría otro que se desplazara en la misma dirección que la luz; sin embargo, el experimento reveló que ambos determinaban exactamente la misma velocidad. Durante los 18 años siguientes, investigadores como Hendrix Lorentz y George Fitzgerald trataron de adaptar esta observación a las ideas aceptadas acerca del espacio y el tiempo. Introdujeron postulados *ad hoc*, como proponer que los objetos menguan cuando se desplazan a grandes velocidades. Todo el marco de la física se tornó engorroso y repelente. En 1905, Einstein sugirió un punto de vista mucho más atrayente, en el que no se consideraba al tiempo completamente separado en sí mismo. Muy al contrario, lo combinó con el espacio en un objeto cuatridimensional denominado *espacio-tiempo*. Einstein se sintió empujado hacia esta idea no tanto por los resultados experimentales como por el deseo de lograr que dos partes de la teoría encajasen para formar un todo consistente. Las dos partes eran las leyes que gobernaban los campos eléctricos y magnéticos y las leyes que determinaban el movimiento de los cuerpos.

No creo que Einstein, ni ningún otro, comprendiera en 1905 cuán simple e ingeniosa era la nueva teoría de la relatividad. Revolucionó por completo nuestras nociones de espacio y tiempo. Este ejemplo ilustra bien la dificultad de ser realista en la filosofía de la ciencia, porque lo que consideramos como realidad se halla condicionado por la teoría que suscribimos. Estoy seguro de que Lorentz y Fitzgerald se creían realistas al interpretar el experimento sobre la velocidad de la luz en términos de las ideas newtonianas de espacio absoluto y de tiempo absoluto. Estas nociones de *espacio* y *tiempo* parecían corresponder al sentido común y a la realidad; sin embargo, quienes en la actualidad están familiarizados con la teoría de la relatividad, por desgracia una pequeña minoría, poseen una visión muy diferente. Tenemos que explicar a la gente la idea moderna de conceptos básicos tales como *espacio* y *tiempo*.

¿Cómo podemos hacer de la realidad la base de nuestra filosofía si lo que consideramos real depende de nuestra teoría? Yo afirmaría que soy realista en el sentido de que creo que existe un universo que aguarda a ser investigado y comprendido. Considero una pérdida de tiempo la concepción solipsista de que todo es creación de nuestra imaginación. Nadie actúa sobre esa base. Pero, sin una teoría, no podemos distinguir lo que es real acerca del universo. Por eso adopto la posición, que ha sido descrita como simplista o ingenua, de que una teoría de la física es sencillamente un modelo matemático que empleamos para describir los resultados de unas observaciones. Una teoría es buena si resulta ingeniosa, si describe toda una clase de observaciones y si predice los resultados de otras nuevas. Más allá de eso no tiene sentido preguntarse si se corresponde con la realidad, porque no sabemos, con independencia de una teoría, qué es la realidad. Esta visión de las teorías científicas puede que haga de mí un instrumentalista o un positivista —como antes dije, me han llamado ambas cosas—. Quien me calificó de positivista añadió que cualquiera sabía que el positivismo estaba anticuado, otro caso de refutación a través de la descalificación. Cabe aceptar, desde luego, que el positivismo está anticuado en cuanto que es una moda intelectual de ayer, pero la posición positivista que he esbozado parece ser la única posible para alguien que busca nuevas leyes y nuevos modos de describir el universo. De nada sirve apelar a la realidad porque carecemos de un concepto de la realidad independiente de un modelo.

La creencia tácita en una realidad independiente de un modelo constituye, en mi opinión, la razón subyacente de las dificultades con que tropiezan los filósofos de la ciencia respecto de la mecánica cuántica y del principio de indeterminación. Hay un famoso experimento mental llamado *El gato de Schrödinger*. Un gato es introducido en una caja que se cierra herméticamente. Le apunta un arma que se disparará si decae un núcleo radiactivo. La probabilidad de que esto suceda es del 50%. (Hoy nadie se atrevería a proponer tal cosa, ni siquiera como experimento puramente mental, pero en la época de Schrödinger nada sabían del movimiento de protección a los animales).

Si uno abre la caja hallará al gato muerto o vivo, pero, antes de abrirla, el estado cuántico del gato será una mezcla del estado de gato muerto con un estado en que el gato se halla vivo. A algunos filósofos de la ciencia les resulta muy difícil aceptar esto. Afirman que el gato no puede estar mitad muerto y mitad vivo, de la misma manera que no sería posible que una gata estuviese medio preñada. La dificultad se suscita porque implícitamente emplean un concepto clásico de la realidad en donde un objeto posee una concreta historia singular. Toda la cuestión de la mecánica cuántica estriba en que tiene una visión diferente de la realidad. En esta concepción, un objeto no posee simplemente una sola historia sino todas las historias posibles. En la mayoría de los casos, la probabilidad de poseer una determinada historia eliminará la probabilidad de tener una historia ligeramente diferente; pero en ciertos casos, las probabilidades de historias próximas se refuerzan entre sí. Una de esas historias reforzadas es la que observamos como historia del objeto.

En el caso del gato de Schrödinger hay dos historias reforzadas. En una, el gato muere, mientras que en la otra queda con vida. En la teoría cuántica pueden coexistir ambas posibilidades. Pero algunos filósofos se embarullan porque suponen implícitamente que el gato solo puede tener una historia.

La naturaleza del tiempo es otro ejemplo de área en donde nuestras teorías de la física determinan nuestro concepto de la realidad. Solía considerarse algo obvio que el tiempo fluía indefinidamente, fuera lo que fuese lo que sucedía; pero la teoría de la relatividad combinó el tiempo con el espacio y afirmó que ambos podían ser curvados o distorsionados por la materia y la energía del universo. Así, nuestra percepción de la naturaleza del tiempo pasó de ser independiente del universo a quedar conformada por este. Es entonces concebible que el tiempo pueda simplemente no ser definido antes de cierto punto; cuando uno retrocede en el tiempo puede llegar a una barrera insuperable, a una singularidad más allá de la cual no cabe ir. Si tal fuese el caso, carecería de sentido preguntarse quién o qué causó o creó el Big Bang. Hablar de casualidad o de creación supone implícitamente que hubo un tiempo antes de la singularidad del Big Bang. Sabemos desde hace 25 años que la teoría general de la relatividad de Einstein predice que el tiempo tuvo que tener un comienzo en una singularidad hace 15 000 millones de años. Pero los filósofos aún no han captado la idea. Todavía siguen preocupándose de los fundamentos de la mecánica cuántica formulados hace 65 años. No comprenden que la frontera de la física ha avanzado.

Mucho peor es el concepto matemático del *tiempo imaginario*, con el que Jim Hartle y yo sugerimos que puede que el universo no tenga comienzo ni fin. Me atacó salvajemente un filósofo de la ciencia por referirme al tiempo imaginario. "¿Cómo es posible —dijo— que un truco matemático como el del tiempo imaginario tenga nada que ver con el universo real?". Creo que este filósofo confundía los términos matemáticos de *números reales* e *imaginarios* con el modo en que se emplean las palabras *real* e *imaginario* en el lenguaje cotidiano. Esto ilustra simplemente mi razonamiento: ¿cómo podemos conocer lo que es real, al margen de una teoría o de un modelo con qué interpretarlo?

He utilizado ejemplos de la relatividad y de la mecánica cuántica para mostrar los problemas con que uno se enfrenta cuando trata de entender el universo. No importa en realidad si no se conoce la relatividad o la mecánica cuántica. O incluso si estas teorías son incorrectas. Lo que espero haber demostrado es que un cierto tipo de enfoque positivista, en el que uno considera una teoría como modelo, es el único modo de comprender el universo, al menos para un físico teórico. Tengo la esperanza de que hallaremos un modelo consistente que describa todo en el universo. Si lo logramos, constituirá un auténtico triunfo para la raza humana.

SIETE

¿SE VISLUMBRA EL FINAL DE LA FÍSICA TEÓRICA?[7]

Q uiero examinar en estas páginas la posibilidad de que en un futuro no demasiado lejano, digamos hacia finales de siglo, se alcance el objetivo de la física teórica. Entiendo por esto contar con una teoría completa, consistente y unificada de las interacciones físicas, que describa todas las observaciones posibles. Claro está que hay que proceder con mucha cautela a la hora de hacer tales predicciones. Al menos en dos ocasiones anteriores creímos hallarnos al borde de la síntesis final. A principios de siglo se pensó que todo podría comprenderse en términos de la mecánica del continuo. Lo único que se necesitaba era medir cierto número de coeficientes de elasticidad, viscosidad, conductividad, etc. Esta esperanza quedó hecha añicos por el descubrimiento de la estructura atómica y de la mecánica cuántica. De nuevo, a finales de la década de 1920, Max Born afirmó ante un grupo de científicos que visita-

---

7. El 29 de abril de 1980, Stephen Hawking tomó posesión de la Cátedra Lucasiana de Matemáticas en Cambridge. Este trabajo, su lección inaugural, fue leído por uno de sus alumnos.

ban Gotinga: "La física, tal como la conocemos, concluirá en seis meses". Paul Dirac, titular entonces de la cátedra de Lucasiana, acababa de descubrir la ecuación que lleva su nombre y que determina el comportamiento del electrón. Se esperaba que una ecuación similar gobernaría el protón, la otra partícula supuestamente elemental conocida en la época. Pero el descubrimiento del neutrón y de las fuerzas nucleares deshizo tales esperanzas. Ahora sabemos que en realidad ni el protón ni el neutrón son elementales, sino que están constituidos por partículas más pequeñas. En los últimos años hemos logrado un progreso considerable y, como explicaré, existe una ciencia base para estimar con cautela que tendremos una teoría completa, en vida de algunos de los que leen estas páginas.

Aunque logremos una teoría unificada completa, solo seremos capaces de formular predicciones en las situaciones más simples. Conocemos, por ejemplo, las leyes físicas que gobiernan todo lo que experimentamos en la vida cotidiana. Como señaló Dirac, su ecuación era la base de "la mayor parte de la física y de toda la química". Pero solo hemos podido resolver la ecuación para el sistema más sencillo, el átomo de hidrógeno constituido por un protón y un electrón. Para átomos más complejos con más electrones, por no decir nada de las moléculas con más de un núcleo, tenemos que recurrir a aproximaciones y a suposiciones intuitivas de dudosa validez. En los sistemas macroscópicos constituidos por unas 1023 partículas, hemos de emplear métodos estadísticos y abandonar toda pretensión de resolver exactamente las ecuaciones. Aunque en principio conocemos las ecuaciones que gobiernan el conjunto de la biología, no hemos sido capaces de reducir el estudio del comportamiento humano a una rama de las matemáticas aplicadas.

¿Qué cabe entender por una teoría completa y unificada de la física? Nuestras tentativas de modelar la realidad física consisten normalmente en dos partes:

1. Una serie de leyes locales que son obedecidas por las diversas cantidades físicas. Se formulan por lo general en términos de ecuaciones diferenciales.

2. Un conjunto de condiciones límite que expresan el estado de algunas regiones del universo en un cierto instante, y qué efectos se propongan subsiguientemente allí desde el resto del universo.

Muchos afirmarían que el papel de la ciencia se restringe a la primera de estas, y que la física teórica habrá alcanzado su objetivo cuando hayamos obtenido una serie completa de leyes físicas locales. Tales personas considerarían la cuestión de las condiciones iniciales del universo como correspondientes al terreno de la metafísica o de la religión. En cierto modo, esta actitud es semejante a la de quienes en siglos anteriores rechazaban la investigación científica diciendo que todos los fenómenos naturales eran obra de Dios, que no debía indagarse. Creo que las condiciones iniciales del universo son asunto tan adecuado para el estudio científico y la teoría como las leyes físicas locales. No tendremos una teoría completa hasta que podamos hacer algo más que decir simplemente "las cosas son como son porque eran como eran".

La cuestión de la singularidad de las condiciones iniciales se halla estrechamente relacionada con la de la arbitrariedad de las leyes físicas locales; nadie consideraría completa una teoría si se limitase a ciertos parámetros adaptables, como masas o constantes de acoplamiento a las que dar los valores que prefiera. De hecho, parece que ni las condiciones iniciales ni los valores de los parámetros de la teoría son arbitrarios; de algún modo, están elegidos o escogidos con mucho cuidado. Por ejemplo, si la diferencia de masa entre protón y neutrón no fuese aproximadamente el doble de la masa del electrón, no sería posible contar con cerca de doscientos núclidos estables que constituyen los elementos y son la base de la química y de la biología. De modo similar, si la masa gravitatoria del protón fuese significativamente diferente, no habrían existido estrellas en las que se constituyeran estos núclidos, y si la expansión inicial del universo hubiese sido ligeramente inferior o superior, el universo se habría contraído antes de que surgiesen tales estrellas o se habría expandido con tal rapidez que jamás se habrían formado las estrellas por condensación gravitatoria. Algunos han llegado, desde luego, a elevar estas restricciones de las condiciones iniciales y los parámetros al rango de un principio, el *principio antrópico*, que cabe parafrasear como "las cosas son como son porque somos". Según una versión del principio, hay un enorme número de universos distintos y separados, con valores diferentes de los parámetros físicos y condiciones iniciales distintas. La mayoría de tales universos no proporcionarán las condiciones adecuadas para el desarrollo de las complejas estructuras que requiere la vida inteligente. Solo en un pequeño número, con condiciones y parámetros como los de nuestro propio universo, será posible para la vida inteligente desarrollarse y cuestionarse "¿por qué el universo es como lo observamos?". La respuesta, naturalmente, es que si fuera diferente, no habría ningún ser que pudiera cuestionarse tal interrogante.

El principio antrópico brinda una cierta explicación a muchas de las notables relaciones numéricas que se observan entre los valores de parámetros físicos diferentes, pero no es por completo satisfactorio; no es posible sustraerse a la sensación de que hay una explicación más honda, además, no puede explicar todas las regiones del universo. Por ejemplo, nuestro sistema solar es, desde luego, un requisito previo de nuestra existencia, al igual que sucede con una generación anterior de estrellas próximas en las que pudieron formarse elementos pesados a través de la síntesis nuclear. Incluso puede que se requiera el conjunto de nuestra galaxia. Pero no parece haber necesidad alguna de que existan otras galaxias, por no decir nada de los millones de millones que contemplamos distribuidas por el universo visible de una manera aproximadamente uniforme. Esta homogeneidad en gran escala del universo hace muy difícil creer que su estructura se halle determinada por algo tan periférico como unas complejas estructuras moleculares en un pequeño planeta que gira en torno de una estrella mediana en los suburbios extremos de una típica galaxia en espiral.

Si no recurrimos al principio antrópico, necesitamos alguna teoría unificadora que explique las condiciones iniciales del universo y los valores de los diversos parámetros físicos, pero resulta demasiado difícil concebir de golpe una teoría completa de todo (aunque esto no parece detener a algunas personas; por correo me llegan cada semana dos o tres teorías unificadas). Lo que hacemos, en cambio, es buscar teorías parciales que describan situaciones en las que ciertas interacciones puedan ser ignoradas o abordadas de un modo simple. Dividimos primero el contenido del universo en dos partes: *materia*, partículas como *quarks*, electrones, *muones*, etc., e *interacciones*, como la gravedad, el electromagnetismo, etc. Las partículas de materia son descritas por campos de espín 1/2 y obedecen el principio de exclusión de Pauli, que impide que en una posición haya más de una partícula de un tipo determinado. Esta es la razón de que tengamos cuerpos sólidos que no se contraigan hasta formar un punto o que se difundan hasta el infinito. Los principios de la materia se hallan divididos en dos grupos: los hadrones, compuestos de *quarks*, y los leptones, que integran el resto.

Las interacciones se dividen fenomenológicamente en cuatro categorías. Por orden de energía, figuran las fuerzas nucleares intensas, que solo interactúan con hadrones; el electromagnetismo, que interactúa con hadrones y leptones cargados; las fuerzas nucleares débiles, que interactúan con todos los hadrones y leptones, y, finalmente, la más débil con mucho, la gravedad, que interactúa con todo. Las interacciones están representadas por campos de espín entero que no obedecen al principio de exclusión de Pauli. Eso quiere decir que pueden tener muchas partículas en la misma posición. En el caso del electromagnetismo y de la gravedad, las interacciones son también de largo alcance, lo que significa que los campos producidos por un gran número de partículas de materia pueden sumarse hasta constituir un campo susceptible de detección en una escala macroscópica. Por estas razones, ellos fueron los primeros en constituirse en objeto de teorías: la gravedad de Newton en el siglo XVII y el electromagnetismo de Maxwell en el XIX. Pero estas teorías resultaban básicamente incompatibles porque la newtoniana no variaba si el conjunto del sistema poseía una velocidad uniforme cualquiera, mientras que la teoría de Maxwell definía una velocidad preferida, la de la luz. Al final, tuvo que ser la teoría newtoniana de la gravedad la que fue preciso modificar para hacerla compatible con las propiedades de invarianza de la teoría de Maxwell. Einstein realizó esta modificación con la teoría general de la relatividad, formulada en 1915.

La teoría general de la relatividad y la electrodinámica de Maxwell eran lo que se denominaba *teorías clásicas*; es decir, implicaban cantidades continuamente variables y que, al menos en principio, podían medirse con una precisión arbitraria. Pero se suscitó un problema al tratar de emplear tales teorías para construir un modelo del átomo. Se había descubierto que el átomo consistía en un pequeño núcleo de carga positiva rodeado por una nube de electrones con cargas negativas. Se supuso de un modo natural que los electrones giraban en torno del núcleo, como la Tierra gira alrededor del Sol. Sin embargo, la teoría clásica predecía que los electrones irradiarían ondas electromagnéticas que restarían energías y determinarían la caída en espiral de los electrones al núcleo, produciendo el colapso del átomo.

Este problema quedó superado, por lo que indudablemente es el mayor logro de la física teórica de este siglo, el descubrimiento de la teoría cuántica. Su postulado básico es el *principio de indeterminación de Heisenberg*, que declara que ciertos pares de cantidades, como la posición y el momento de una partícula, no pueden ser medidos simultáneamente con una precisión arbitraria. En el caso del átomo, esto significa que en su estado energético más bajo, el electrón no podría hallarse en reposo en el núcleo, porque, entonces, su posición quedaría exactamente definida (en el núcleo) y su velocidad también se hallaría exactamente definida (sería cero). Por el contrario, tanto la posición como la velocidad se situarían dentro de cierta distribución de probabilidades en torno del núcleo. En tal estado, el electrón no podría irradiar energía en forma de ondas electromagnéticas, porque carecería de un estado energético inferior al que pasar.

En las décadas de 1920 y 1930 se aplicó con gran éxito la mecánica cuántica a sistemas como los átomos o las moléculas que solo poseen un número finito de grados de libertad. Las dificultades surgieron, empero, cuando se trató de aplicarla al campo electromagnético, que tiene un número infinito de grados de libertad, en términos generales, dos por cada punto del espacio-tiempo. Cabe considerar estos grados de libertad como osciladores, cada uno con su posición y momento propios. Los osciladores no pueden permanecer en reposo porque, entonces, tendrían exactamente definidos posiciones y momentos. Por el contrario, cada oscilador debe poseer un volumen mínimo de lo que se llama *fluctuaciones de punto cero* y una energía que no sea cero. Las energías de todo el número infinito de grados de libertad determinarían que la masa y la carga aparentes del electrón se tornasen infinitas.

Para superar esta dificultad a finales de la década de 1940 se desarrolló un procedimiento denominado *renormalización*. Consistía en la sustracción un tanto arbitraria de ciertas cantidades infinitas para dejar restos finitos. En el caso de la electrodinámica era necesario efectuar dos de tales sustracciones infinitas, una para la masa y otra para la carga del electrón. Este procedimiento de renormalización jamás ha tenido una base conceptual o matemática muy firme, pero ha funcionado bastante bien en la práctica. Su gran éxito fue la predicción de un pequeño desplazamiento, el *desplazamiento de Lamb*, en algunas líneas del espectro del hidrógeno atómico. Pero no resulta muy satisfactorio desde el punto de vista de las tentativas de construcción de una teoría completa, porque no hace predicción alguna de los valores de los restos finitos que quedan tras las sustracciones infinitas. Así que tendremos que volver al principio antrópico para explicar por qué el electrón tiene la masa y la carga que tiene.

En las décadas de 1950 y 1960 se creía que las fuerzas nucleares débiles e intensas no eran renormalizables; es decir, que exigirían un número infinito de sustracciones infinitas para hacerlas finitas. Habría un número infinito de restos finitos que no se hallaría determinado por la teoría. Esta carecería de poder de predicción, porque nunca es posible medir todo el número infinito de parámetros. Pero en 1971, Gerardus 't Hooft mostró que un modelo unificado de las interacciones electromagnéticas y débiles, propuesto previamente por Abdus Salam y Steven Weinberg, era, desde luego, renormalizable con solo un número finito de sustracciones infinitas. En la teoría de Salam-Weinberw, al fotón, la partícula de espín-1 que efectúa la interacción electromagnética, se unen otras de espín-1 denominadas $W+$, W y $Z°$. Se estima que, con energías muy altas, estas cuatro partículas tendrán un comportamiento muy similar. Pero con energías más bajas se recurre a un fenómeno llamado *ruptura espontánea de la simetría* para explicar el hecho de que el fotón tenga masa cero en reposo mientras que $W+$, W y $Z°$ son muy masivas. Las predicciones de esta teoría en situación de baja energía han coincidido notablemente con las observaciones, hecho que en 1979 indujo a la Academia Sueca a otorgar el Premio Nobel a Salam, Weinberg y Sheldon Glashow, que también había construido teorías unificadas similares. El propio Glashow observó que la Comisión del Nobel corrió un riesgo, porque aún no disponemos de aceleradores de partículas con energía suficiente para comprobar la teoría en el régimen en donde realmente tiene lugar la unificación entre las fuerzas electromagnéticas desarrolladas por el fotón y las fuerzas débiles de $W+$, W y $Z°$. Dentro de unos años habrá aceleradores suficientemente potentes y la mayoría de los físicos están seguros de que confirmarán la teoría de Salam-Winberg.[8]

El éxito de la teoría de Salam-Weinberg condujo a la búsqueda de una teoría renormalizable similar de las interacciones fuertes. Se comprendió bastante pronto que el protón y otros hadrones como el mesón pi no podían ser verdaderamente partículas elementales, sino que tenían que constituir estados ligados de otras partículas denominadas *quarks*, pues parecen poseer la curiosa propiedad de que, aun siendo capaces de desplazarse libremente en el seno de un hadrón, resulta imposible aislar un *quark*, que siempre se presentan en grupos de tres (como el protón o el neutrón) o en pares constituidos por un *quark* y un *antiquark* (como el mesón pi). Para explicar esto se atribuyó a los *quarks* una propiedad llamada *color*. Ha de subrayarse que no tiene nada en común con nuestra percepción normal del color; los *quarks* son demasiado pequeños para que se les pueda distinguir a la luz visible. Se trata simplemente de un nombre de conveniencia. La idea es que los *quarks* se presentan en tres colores: rojo, verde y

---

8. De hecho, las partículas W y Z fueron observadas en el CERN de Ginebra en 1983, y en 1984 se otorgó también el Nobel a Carlo Rubbia y Simon van der Meere, que dirigieron el equipo realizador del descubrimiento. Quien no obtuvo el premio fue Hooft.

azul; pero que cualquier estado ligado como un hadrón tiene que ser incoloro, bien una combinación de rojo, verde y azul, como el protón, o en una mezcla de rojo y antirrojo, verde y antiverde y azul y antiazul, como el mesón pi.

Se supone que las interacciones fuertes entre los *quarks* son efectuadas por partículas de espín-1 llamadas *gluones*, en lugar de las partículas que efectúan la interacción débil. Los gluones también poseen color, y estos y los *quarks* obedecen a una teoría renormalizable denominada de la *cromodinámica cuántica* o QCD1. Una consecuencia del procedimiento de la renormalización es que la constante de acoplamiento eficaz de la teoría depende de la energía a la que se mida y disminuye hasta llegar a cero con energías muy elevadas. Este fenómeno recibe el nombre de *libertad asintótica*. Significa que, en el seno de un hadrón, los *quarks* se comportan casi como partículas libres en colisiones de energía muy grande, de modo que sus perturbaciones pueden ser consideradas con éxito conforme a la teoría de la perturbación. Las predicciones de la teoría de la perturbación presentan una razonable coincidencia cualitativa con la observación, pero en realidad no cabe afirmar que la teoría haya quedado comprobada experimentalmente. Con energías bajas la constante de acoplamiento eficiente se hace muy grande y falla la teoría de la perturbación. Hay que confiar en que esta "esclavitud del infrarrojo" explicará por qué los *quarks* se hallan siempre confinados a estados límite incoloros, pero hasta ahora nadie ha sido capaz de demostrarlo de un modo convincente.

Habiendo obtenido una teoría renormalizable de las interacciones fuertes y otras para las interacciones débiles y electromagnéticas, era natural buscar una teoría que combinase las dos. Tales teorías han recibido el título, más bien exagerado, de *grandes teorías unificadas*. Este nombre resulta engañoso porque ni todas son tan grandes ni se hallan plenamente unificadas ni son completas, en cuanto que poseen diversos parámetros indeterminados de renormalización como constantes de acoplamiento y masas; sin embargo, pueden constituir un paso significativo hacia una teoría unificada completa. La idea básica es que la constante de acoplamiento eficiente de las interacciones fuertes, que es grande con energías bajas, disminuye gradualmente en las energías altas en razón de la libertad asintótica. Por otro lado, la constante de acoplamiento eficiente de la teoría de Salam-Weinberg, que es pequeña en energías bajas, se incrementa gradualmente en las altas, porque esta teoría no es asintóticamente libre. Si se extrapola la tasa de incremento y disminución en energías bajas de las constantes de acoplamiento, resulta que las dos constantes de acoplamiento se vuelven iguales con una energía de unos 10^{15} gigaelectrón voltios. (Un gigaelectrón voltio representa mil millones de electrón voltios, que es aproximadamente la energía que podría liberarse si fuera posible convertir totalmente un átomo de hidrógeno en energía. En comparación, la energía liberada en reacciones químicas, como la combustión, es del orden de un electrón voltio por átomo). Las teorías afirman que, por encima de esta energía, las interacciones fuertes se unifican con las débiles y con las interacciones electromagnéticas, pero con energías más bajas existe una ruptura espontánea de la simetría.

Una energía de 10^{15} gigaelectrón voltios está más allá de las posibilidades del equipo de cualquier laboratorio; la generación actual de aceleradores de partículas puede producir energías en centro de masas de unos 10 gigaelectrón voltios y la próxima generación logrará energías de unos 100 gigaelectrón voltios. Esto bastará para investigar la gama de energías en donde las fuerzas electromagnéticas se unifican con las fuerzas débiles según la teoría de Salam-Weinberg, pero no se conseguirá la energía enormemente elevada a la que se predice la unificación de las interacciones débiles y electromagnéticas con las interacciones fuertes. Sin embargo, pueden existir predicciones de energía baja de las grandes teorías unificadas que resulten comprobables en el laboratorio. Por ejemplo, las teorías señalan que el protón no debe ser completamente estable, sino que decae con una existencia del orden de 10^{31} años. El presente límite experimental de existencia es de unos 10^{30} y ha de ser posible mejorarlo.

Otra predicción observable se refiere a la proporción en el universo entre bariones y fotones. Las leyes de la física parecen ser las mismas para partículas y antipartículas. Más exactamente, son las mismas cuando se remplazan partículas por antipartículas y las dextrorsas por sinistrorsas, y si se invierten las velocidades de todas las partículas. Esto se conoce como *teorema COT* (Conjugación de carga, inversión de Paridad e inversión de Tiempo) y es consecuencia de unos supuestos básicos que deben cumplirse en cualquier teoría razonable. Pero la Tierra, y desde luego todo el sistema solar, se halla constituida por protones y neutrones sin antiprotones ni antineutrones. Tal desequilibrio entre partículas y antipartículas es, empero, otra condición *a priori* de nuestra existencia; si el sistema solar estuviese compuesto de una mezcla igual de partículas y antipartículas, todas se aniquilarían entre sí dejando tan solo radiación. A partir de la ausencia observada de tal radiación de aniquilamiento, podemos llegar a la conclusión de que nuestra galaxia se halla enteramente constituida por partículas y no por antipartículas. No tenemos prueba directa de lo que sucede en otras galaxias, pero parece probable que estén integradas por partículas y que en el conjunto del universo haya un exceso de partículas sobre antipartículas del orden de una partícula por 10^8 fotones. Cabría intentar una justificación de este hecho invocando el principio antrópico, pero las grandes teorías unificadas proporcionan realmente un mecanismo que puede explicar el desequilibrio. Aunque todas las interacciones parecen ser invariantes bajo la combinación de C (sustitución de partículas por antipartículas), P (cambio de dextrorsas por sinistrorsas) y T (inversión del sentido del tiempo), se sabe que hay interacciones que no son invariantes solo bajo T. En el universo primitivo, donde la expresión proporcionaba un sentido muy marcado de la dirección del tiempo, estas interacciones podían producir más partículas que antipartículas, pero el número que suman depende mucho del modelo, así que la coincidencia con la observación apenas constituye una confirmación de las grandes teorías unificadas.

La mayoría de los esfuerzos han estado consagrados hasta ahora a unificar las tres primeras categorías de interacciones físicas, las fuerzas nucleares intensas y débiles y el electromagnetismo. La cuarta y última, la gravedad, ha sido desatendida. Una justificación al respecto es que la gravedad resulta tan débil que los efectos gravitatorios cuánticos solo serían grandes con energías que resultan inalcanzables en cualquier acelerador de partículas. Otra es que la gravedad no parece ser renormalizable; para obtener respuestas finitas habría, quizá, que efectuar un número infinito de sustracciones infinitas con un número correspondiente infinito de restos finitos indeterminados. Sin embargo, es preciso incluir la gravedad si se desea obtener una teoría plenamente unificada. Por añadidura, la teoría clásica de la relatividad general predice la existencia de singularidades de espacio-tiempo en donde el campo gravitatorio sea infinitamente fuerte. Estas singularidades se producirían en el pasado, al comienzo de la actual expansión del universo (el Big Bang) y podrían ocurrir en el futuro durante el colapso gravitatorio de las estrellas y tal vez del propio universo. La predicción de singularidades indica presumiblemente que la teoría clásica se quebrará, pero no parece haber razón de que falle antes de que el campo gravitatorio se vuelva lo bastante intenso como para que cobren importancia los efectos gravitatorios cuánticos. En consecuencia, resulta esencial una teoría cuántica de la gravedad si hemos de describir el universo primitivo y dar de esa manera alguna explicación a las condiciones iniciales más allá del simple recurso del principio antrópico.

También se necesita esta teoría para responder a la pregunta ¿tiene en realidad el tiempo un comienzo y, posiblemente, un final, como predice la relatividad general clásica, o se hallan atenuadas de algún modo por los efectos cuánticos las singularidades del Big Bang y del Big Crunch (gran colapso)? Es muy difícil dar una respuesta definida a este interrogante cuando las estructuras mismas del espacio y del tiempo están sometidas al principio de indeterminación. Mi opinión personal es que probablemente aún siguen presentes las singularidades, aunque las dejamos atrás en un cierto sentido matemático. Pero hay que prescindir de cualquier concepto subjetivo del tiempo relacionado con la conciencia o la capacidad de realizar mediciones.

¿Cuáles son las perspectivas de lograr una teoría cuántica de la gravedad y de unificarla con las otras tres categorías de interacciones? La mayor esperanza parece radicar en una extensión de la relatividad general llamada *supergravedad*. En ésta, el gravitón, la partícula de espín-2 que efectúa la interacción gravitatoria, se halla relacionado a través de las llamadas *transformaciones de supersimetría* con otros diversos campos de espín inferior. Semejante teoría posee el mérito superior de que prescinde de la antigua dicotomía formada por *materia*, representada por partículas de espín fraccionario e *interacciones*, representadas por partículas de espín entero. Posee, además, la gran ventaja de que se anulan entre sí muchas de las infinitudes que surgen en la teoría cuántica. Todavía se ignora si se eliminan todas para dar lugar a una teoría que sea finita sin ninguna sustracción infinita. Se espera que así sea, porque puede demostrarse que las teorías que incluyen la gravedad son o finitas o no renormalizables; es decir, que si hay que efectuar cualesquiera sustracciones infinitas, tendrá que ser en número infinito, con un número correspondientemente infinito de restos indeterminados. De este modo, si resulta que en la supergravedad se anulan entre sí todas las infinitudes, podríamos contar con una teoría que no solo unificara plenamente todas las partículas de materia y las interacciones, sino que fuese completa en el sentido de que no tuviera parámetros indeterminados de renormalización.

Aunque carecemos de una auténtica teoría cuántica de la gravedad, y más aún de una que la unifique con las demás interacciones físicas, poseemos una idea de algunos de los rasgos que debería presentar. Uno de estos se halla relacionado con el hecho de que la gravedad afecta a la estructura causal del espacio-tiempo; es decir, que la gravedad determina qué acontecimientos pueden estar causalmente ligados entre sí. Un ejemplo al respecto en la teoría clásica de la relatividad general es el proporcionado por un *agujero negro*, una región del espacio-tiempo en donde el campo gravitatorio resulta tan fuerte que cualquier luz u otra señal queda retenida en la región y no puede escapar al mundo exterior. El intenso campo gravitatorio en las proximidades del agujero negro provoca la creación de pares de partículas y anti-partículas, una que cae en el agujero negro y otra que escapa al infinito. La partícula que escapa parece haber sido emitida por el agujero negro. Un observador situado a cierta distancia del agujero negro solo podría medir las partículas que parten y no sería capaz de establecer una correlación entre estas y las que caen en el agujero porque no puede apreciar a las segundas, lo que significa que las partículas que parten tienen un grado adicional de aleatoriedad o imprevisibilidad por encima del asociado normalmente con el principio de indeterminación. En situaciones normales, el principio de indeterminación implica que uno puede predecir de forma definida o la posición o la velocidad de una partícula o una combinación de posición y velocidad. Así, por decirlo de alguna manera, nuestra capacidad de formular predicciones de forma definida se reduce a la mitad. Pero en el caso de partículas emitidas desde un agujero negro, el hecho de que no sea posible observar lo que penetra en el agujero negro significa que no se puede predecir de forma definida ni las posiciones ni las velocidades de las partículas emitidas. Todo lo que se puede hacer es asignar probabilidades de qué partículas serán emitidas en ciertos modos.

Parece que, aunque hallemos una teoría unificada, solo seremos capaces de efectuar predicciones estadísticas. Tendremos, además, que abandonar el punto de vista de que hay un único universo que observamos. Por el contrario, hemos de adoptar la idea de que hubo un conjunto de todos los universos posibles con alguna distribución de probabilidades. Esto puede explicar por qué comenzó el universo en el Big Bang con un equilibrio térmico casi perfecto, porque este correspondería al mayor número de configuraciones microscópicas y por eso a la probabilidad más grande. Parafraseando a Pangloss, el filósofo de Voltaire, cabe decir que "vivimos en el más probable de todos los mundos posibles".

¿Cuáles son las perspectivas de que hallemos una teoría unificada completa en un futuro no demasiado lejano? Cada vez que ampliamos nuestras observaciones a escalas de longitud más reducidas y energías mayores, surgen nuevas capas de estructura. A principios de siglo, el descubrimiento del movimiento browniano con una típica partícula de energía de 3×10^{-2} electrón voltios mostró que la materia no era continua, sino que estaba constituida por átomos. Poco después, se descubrió que estos átomos supuestamente indivisibles estaban integrados por electrones que giraban en torno a un núcleo con energías del orden de unos pocos electrón voltios. Se supo también que el núcleo se hallaba compuesto de unas llamadas *partículas elementales*, protones y neutrones, ligadas por lazos nucleares del orden de 10^6 electrón voltios. El último episodio de esta historia es que hemos descubierto que el protón y el electrón están formados por *quarks* unidos por lazos del orden de 10^9 electrón voltios. El hecho de que ahora se necesiten máquinas enormes y muchísimo dinero para llevar a cabo un experimento cuyos resultados no podemos predecir representa un tributo al grado de progreso ya logrado en la física teórica.

Nuestra pasada experiencia puede sugerir la existencia de una secuencia infinita de capas de estructura a energías cada vez mayores. Semejante concepto de una regresión infinita de cajas dentro de cajas constituía, desde luego, el dogma oficial en China bajo la Banda de los Cuatro. Pero parece que la gravedad debería fijar un límite, aunque solo en la pequeñísima escala de longitud de 10^{-33} centímetros o de una energía muy elevada de 10^{28} electrón voltios. En escalas de longitudes inferiores a esta cabría esperar que el espacio-tiempo dejara de comportarse como un continuo terso y adquiriría, en razón de las fluctuaciones cuánticas del campo gravitatorio, una estructura semejante al hule espuma.

Existe una región muy grande e inexplorada entre nuestro actual límite experimental de unos 10^{10} electrón voltios y el tope gravitatorio a 10^{28} electrón voltios. Puede que se juzgue ingenuo suponer, como hacen las grandes teorías unificadas, que en este enorme intervalo hay solo una o dos capas de estructura. Pero el optimismo está justificado. Por el momento al menos, parece que la gravedad solo puede ser unificada con las demás interacciones físicas en una cierta teoría de la supergravedad. Es finito el número de tales teorías. Hay, en particular, una más general, la llamada de la supergravedad ampliada de $N=8$, que contiene un gravitón, ocho partículas de espín 3/2, denominadas *gravitonos*, 28 partículas de espín-1, 56 partículas de espín-1/2 y 70 partículas de espín 0. Aun siendo estas cifras grandes, no bastan para explicar todas las que creemos observar en interacciones fuertes y débiles. Por ejemplo, la teoría de $N=8$ tiene 28 partículas de espín-1, que bastan para explicar la existencia de los gluones que efectúan las interacciones fuertes y dos de las cuatro partículas que efectúan las interacciones débiles, pero no las otras dos. Habría por eso que creer que muchas o la mayoría de las partículas observadas, tales como gluones o *quarks*, no son realmente elementales, como parecen por el momento, sino que constituyen estados ligados de las partículas fundamentales de $N=8$. No es probable que lleguemos a contar con aceleradores bastante potentes para explorar estas estructuras compuestas en un futuro previsible, y acaso nunca lo consigamos, si tenemos en cuenta las actuales tendencias económicas. Sin embargo, el hecho de que estos estados ligados sugieran de la bien definida teoría de $N=8$ debe permitirnos elaborar cierto número de predicciones que podrían comprobarse con energías accesibles ahora o en un próximo futuro. La situación puede ser así semejante a la de la teoría de Salam-Weinberg, que unifica el electromagnetismo y las interacciones débiles. Las predicciones de esta teoría con baja energía coinciden hasta tal punto con las observaciones que ya se acepta generalmente, aunque no hayamos llegado a contar con la energía a la que debería producirse la unificación.

Ha de haber algo muy específico en la teoría que describa el universo. ¿Por qué cobra vida esta teoría cuando otras solo existen en las mentes de sus inventores? La teoría de la supergravedad de $N=8$ tiene alguna justificación para que se la considere especial. Parece ser la única que:

1. Corresponde a cuatro dimensiones.

2. Incorpora la gravedad.

3. Es finita sin tener que hacer ninguna sustracción infinita.

Ya he señalado que la tercera propiedad resulta necesaria si hemos de disponer de una teoría completa sin parámetros. Sin embargo, es difícil justificar las propiedades 1 y 2 sin recurrir al principio antrópico. Parece ser una teoría consistente que satisface las propiedades 1 y 3, pero que no incluye la gravedad. Sin embargo, en ese universo probablemente no resultaría suficiente en lo que se refiere a las fuerzas de atracción para reunir materia en los grandes conglomerados que quizá requiere el desarrollo de estructuras complejas. La razón de que el espacio-tiempo haya de ser cuatridimensional constituye una cuestión a la que normalmente se considera fuera del campo de la física. Pero existe también a favor un buen argumento antrópico. Tres dimensiones del espacio-tiempo —es decir, dos del espacio y una del tiempo— son claramente insuficientes para cualquier organismo complejo. Por otro lado, si hubiese más de tres dimensiones espaciales, las órbitas de los planetas alrededor del Sol o de los electrones en torno de un núcleo serían inestables y tenderían a caer en espiral hacia dentro. Subsiste la posibilidad de que haya más de una dimensión del tiempo, pero me resulta muy difícil imaginar semejante universo.

Hasta ahora he supuesto implícitamente que existe una teoría última. Pero ¿es cierto? Son al menos tres las posibilidades:

1. Existe una teoría unificada completa.

2. No existe una teoría definitiva, sino una secuencia infinita de teorías tales que cabe predecir cualquier clase específica de observaciones sin más que remontarse lo suficiente por la cadena de teorías.

3. No hay teoría. Más allá de un cierto punto, no cabe describir ni predecir unas observaciones que son simplemente arbitrarias.

La tercera idea fue la empleada como argumento frente a los científicos de los siglos XVII y XVIII: "¿Cómo podrían formular leyes que limitasen la libertad de Dios para cambiar de opinión?". Sin embargo, las formularon y siguieron adelante. En los tiempos modernos tenemos que eliminar de hecho la tercera posibilidad, incorporándola a nuestro esquema: la mecánica cuántica es esencialmente una teoría de lo que ignoramos y no podemos predecir.

La segunda posibilidad equivale a la imagen de una secuencia infinita de estructuras con energías cada vez mayores. Como ya dije antes, esto parece improbable porque cabe esperar que exista un tope en la energía de Planck a 1028 electrón voltios, que nos deja con la primera posibilidad. Por el momento, la teoría de la supergravedad de N=8 es el único candidato a la vista.[9]

Es probable que en los próximos años se pueda demostrar mediante diversos cálculos cruciales que la teoría no es buena. Si sobrevive a tales pruebas, pasarán unos cuantos años más antes de que desarrollemos métodos de cálculo que nos permitan efectuar predicciones y podamos explicar las condiciones iniciales del universo, así como las leyes físicas locales. Estos serán los problemas relevantes para los físicos teóricos de los próximos veinte años. Mas, para concluir con una nota ligeramente alarmista, puede que no les quede mucho más tiempo. Las computadoras constituyen ahora una ayuda útil para la investigación, pero son dirigidas por

---

9. La teoría de la supergravedad parece ser la única de partículas con las propiedades 1, 2 y 3, pero desde que escribí esto, se ha registrado un interés muy considerable por las denominadas *teorías de supercuerdas*, en las que los objetos básicos no son las partículas que constituyen un punto, sino los objetos extendidos como lazos de hilo. Sostienen que lo que ante nosotros se presenta como una partícula es en realidad una vibración en un lazo. Estas teorías de la supercuerda parecen reducir la supergravedad al límite de baja energía, pero hasta ahora han tenido poco éxito las tentativas de conseguir predicciones experimentalmente comprobables.

mentes humanas. Sin embargo, si extrapolamos su ritmo reciente y rápido de desarrollo, es posible que acaben por adueñarse de la física teórica. Así que, quizás, se vislumbre ya el final de los físicos teóricos, si no de la física teórica.

OCHO

EL SUEÑO DE EINSTEIN[10]

E n los primeros años del siglo XX dos teorías completamente
nuevas cambiaron nuestras ideas del espacio y el tiempo y
de la propia realidad. Transcurridos más de 75 años, aún seguimos
determinando sus implicaciones y tratando de combinarlas en una
teoría unificada que describa la totalidad del universo. Las dos teorías son la general de la relatividad y la de la mecánica cuántica.
La teoría general de la relatividad aborda el espacio y el tiempo y
el modo en que la materia y la energía del universo los curvan o
comban en gran escala. La mecánica cuántica opera en escalas muy
pequeñas, incluye el denominado *principio de indeterminación*, según el cual no es posible medir exactamente al mismo tiempo la
posición y la velocidad de una partícula; cuanto más precisa sea
una medición, menos lo será la otra. Existe siempre un elemento
de indeterminación o aleatoriedad que afecta de un modo funda-

---

10. Conferencia celebrada en Tokio en julio de 1991, en la Sesión Paradigma
de la NTT Data Communications Systems Corporation.

mental el comportamiento de la materia en una pequeña escala. Einstein fue responsable casi exclusivo de la relatividad general y desempeñó un papel importante en el desarrollo de la mecánica cuántica. Sus opiniones acerca de esta última quedaron resumidas en la frase: "Dios no juega a los dados". Pero todos los datos muestran que Dios es un jugador inveterado y que lanza los dados en cada ocasión posible.

En este trabajo trataré de exponer las ideas básicas que respaldan esas dos teorías y la razón de que Einstein se sintiera tan incómodo con la mecánica cuántica. Asimismo describiré algunos de los hechos notables que parecen producirse cuando se intenta combinar las dos teorías. Estas indican que el tiempo tuvo un comienzo hace unos 15 000 millones de años y que puede tener un final en algún punto del futuro. Pero en otro tipo de tiempo, el universo no tiene límites. Ni se crea ni se destruye. Simplemente *es*.

Comenzaré con la teoría de la relatividad. Las leyes nacionales rigen solo dentro de un país, pero las leyes de la física son las mismas en Gran Bretaña, Estados Unidos y Japón; son también iguales en Marte y en la galaxia de Andrómeda; y aún más, las leyes son las mismas sea cual fuere la velocidad a la que uno se mueve. Las leyes son iguales en un tren de alta velocidad o en un reactor, y para alguien que permanece quieto en un sitio. De hecho, quien permanezca inmóvil en la Tierra se desplaza en torno del Sol a 30 km/s. El Sol, por su parte, se desplaza alrededor de la galaxia a varios centenares de kilómetros por segundo y así ininterrumpidamente. Estos movimientos en nada afectan a las leyes de la física; son las mismas para todos los observadores.

La independencia de la velocidad del sistema fue descubierta por Galileo, quien desarrolló las leyes del movimiento de objetos como granadas de artillería o planetas. Pero se planteó un problema cuando algunos trataron de extender esta independencia de la velocidad del observador a las leyes que gobiernan el movimiento de la luz. En el siglo XVIII se descubrió que la luz no viaja instantáneamente desde su fuente al observador, sino que, por el contrario, lleva una velocidad determinada, unos 300 000 km/s. Pero ¿a qué se refería esta velocidad? Parecía que tenía que existir un medio a través del espacio por el que se desplazase la luz. A este medio se le llamó *éter*. La idea era que las ondas luminosas se desplazaban por el éter a 300 000 km/s, lo que significaría que un observador en reposo con relación al éter mediría la velocidad de la luz en unos 300 000 km/s, pero que otro que se desplazase por el éter obtendría una velocidad superior o inferior. Más concretamente, se creía que la velocidad de la luz cambiaría cuando la Tierra se desplazase por el éter en su órbita alrededor del Sol. Pero un minucioso experimento efectuado por Michelson y Morley en 1887 mostró que la velocidad de la luz era siempre la misma: fuera cual fuese la velocidad a la que se movía el observador, siempre hallaría que la velocidad de la luz era de 300 000 km/s.

¿Cómo podía ser cierto eso? ¿Cómo era posible que observadores que se moviesen a velocidades diferentes obtuvieran igual medida de la velocidad de la luz? La respuesta es que no podían, si eran verdaderas nuestras ideas normales acerca del espacio y del tiempo. Pero en un famoso trabajo escrito en 1905, Einstein señaló que tales observadores podrían obtener la misma medición de la velocidad de la luz si abandonaban el concepto de un *tiempo universal*. Cada uno tendría, por el contrario, su propio tiempo, tal como lo mediría el reloj que llevase consigo. El tiempo marcado por los diferentes relojes coincidiría casi exactamente si su desplazamiento recíproco era lento, pero diferiría significativamente si era medido por relojes distintos que se movieran a una velocidad elevada. Este efecto ha sido realmente comprobado mediante la comparación de un reloj en tierra con otro a bordo de un avión comercial; el reloj en vuelo es ligeramente más lento que el reloj estacionario. En lo que ataña a las velocidades normales, las diferencias entre los relojes son pequeñísimas. Uno tendría que dar cuatrocientos millones de vueltas al mundo para añadir un segundo a su vida; pero las comidas de las compañías aéreas menguarían su existencia en más de ese tiempo.

¿Cómo es posible que, teniendo cada uno su propio tiempo, obtengan la misma velocidad de luz quienes viajan a velocidades distintas? La velocidad de una vibración luminosa equivale a la distancia que recorre entre dos acontecimientos, dividida por el intervalo de tiempo entre ellos. (En este sentido, un acontecimiento es algo que ocurre en un solo punto del espacio, en un punto especificado del tiempo). Los que se muevan a velocidades diferentes no coincidirán en la distancia entre dos acontecimientos. Si mido, por ejemplo, el desplazamiento de un coche por una carretera, puedo pensar que ha sido solo de 1 kilómetro; mas, para alguien en el Sol, se habrá desplazado unos 1 800 kilómetros, porque la Tierra se movió mientras el coche iba por la carretera. Como las personas que se mueven a velocidades diferentes miden distancias diferentes entre acontecimientos, han de medir también intervalos diferentes de tiempo para coincidir respecto de la velocidad de la luz.

La teoría original de la relatividad que formuló Einstein en un famoso trabajo escrito en 1905 es la que ahora llamamos *teoría especial de la relatividad*. Describe cómo se mueven los objetos a través del espacio y del tiempo. Muestra que el tiempo no es una cantidad universal que exista por sí misma al margen del espacio. Por el contrario, futuro y pasado son simplemente direcciones, como arriba y abajo, izquierda y derecha, adelante y atrás, en algo llamado *espacio-tiempo*. En el tiempo solo es posible ir en dirección al futuro, pero se *puede* avanzar conforme a un cierto ángulo. Esa es la razón de que el tiempo transcurra a ritmos diferentes.

La teoría especial de la relatividad combinaba el tiempo con el espacio, pero espacio y tiempo seguían siendo un fondo fijo en el que sucedían acontecimientos. Se podía optar por seguir diferentes trayectorias a través del espacio-tiempo, pero nada de lo que se hiciera modificaría el fondo de espacio y de tiempo. Todo esto cambió en 1915, cuando Einstein formuló la *teoría general de la relatividad*. Tuvo la idea revolucionaria de que la gravedad no era simplemente una fuerza que operase en un fondo fijo del espacio-tiempo. Por el contrario, la gravedad constituía una *distorsión* del espacio-tiempo, causada por la masa y la energía que hay allí. Objetos como granadas de cañón y planetas tratan de moverse en línea recta a través del espacio-tiempo, pero como este es curvo en vez de plano, sus trayectorias se comban. La Tierra trata de moverse en línea recta a través del espacio-tiempo, pero la curvatura del espacio-tiempo producida por la masa del Sol la obliga a girar alrededor de este. De manera semejante, la luz trata de desplazarse en línea recta, mas la curvatura del espacio-tiempo cerca del Sol obliga a curvarse a la que llega de estrellas lejanas, si pasa próxima al Sol. Normalmente no es posible ver las estrellas del cielo que se encuentran casi en la misma dirección que el Sol. Pero durante un eclipse, cuando la mayor parte de la luz del sol queda bloqueada por la luna, se puede observar la luz de esas estrellas. Einstein elaboró su teoría general de la relatividad durante la Primera Guerra Mundial, cuando las condiciones no eran propicias para las observaciones científicas. Pero inmediatamente después de la contienda una expedición británica observó el eclipse de 1919 y confirmó la predicción de la relatividad general: el espacio-tiempo no es plano, sino que está curvado por la materia y la energía que contiene.

Este fue el mayor triunfo de Einstein. Su descubrimiento transformó por completo nuestro modo de concebir el espacio y el tiempo. Ya no constituían un fondo pasivo en el que sucedía una serie de acontecimientos. Ya no podíamos imaginar el espacio y el tiempo como en un perpetuo transcurso, sin quedar afectados por lo que sucedía en el universo. Muy al contrario, se trataba de unas cantidades dinámicas que influían y eran a su vez influidas por los acontecimientos que allí ocurrían.

Propiedad importante de la masa y de la energía es que son siempre positivas. Esa es la razón de que la gravedad haga que los cuerpos se atraigan siempre entre sí. Por ejemplo, la gravedad de la Tierra nos atrae hacia el planeta incluso en lados opuestos del mundo. Por eso no se caen los habitantes de Australia. De manera semejante, la gravedad del Sol mantiene a los planetas en órbita alrededor suyo e impide que la Tierra salga disparada hacia las tinieblas del espacio interestelar. Según la relatividad general, el hecho de que la masa sea siempre positiva significa que el espacio-tiempo está curvado hacia dentro, como la superficie de la Tierra. Si la masa hubiese sido negativa, el espacio-tiempo se habría curvado en el otro sentido, como la superficie de una silla de montar. Esta curvatura positiva del espacio-tiempo, que refleja el hecho de que la gravedad sea atrayente, fue considerada por Einstein como un gran problema. Entonces se creía, por lo general, que el universo se hallaba estático, pero ¿cómo era posible que perdurase en un estado, más o menos igual al de ahora, si el espacio y, sobre todo, el tiempo se curvaban sobre sí mismos?

Las ecuaciones originales de la relatividad general de Einstein predecían que el universo se expandía o se contraía. Por ese motivo, Einstein añadió un término ulterior a las ecuaciones que relacionan la masa y la energía del universo con la curvatura del espacio-tiempo, llamado *término cosmológico*, que ejerce un efecto gravitatorio repelente. Así, era posible equilibrar la atracción de la materia con la repulsión del término cosmológico. En otras palabras, la curvatura negativa del espacio-tiempo originada por la masa y la energía del universo. De este modo cabía obtener un modelo del universo que persistiera indefinidamente en el mismo estado. De haberse aferrado a sus ecuaciones originales, sin el término cosmológico, Einstein habría llegado a predecir que el universo se expande o se contrae.

Pero, tal como fueron las cosas, a nadie se le ocurrió que el universo cambiaba con el tiempo, hasta que en 1929 Edwin Hubble descubrió que se alejaban de nosotros galaxias remotas. El universo se hallaba en expansión. Einstein calificó más tarde a su término cosmológico como "el mayor error de mi vida".

No obstante, con o sin el término cosmológico, subsistía el problema de que la materia determinaba la curvatura sobre sí mismo del espacio-tiempo, aunque generalmente no se reconociese como tal, lo que significaba que la materia podía combar sobre sí misma una región hasta el punto de que llegara en realidad a aislarse del resto del universo. La región se convertiría en lo que se denomina un *agujero negro*. Podrían caer objetos en los agujeros negros y nada escaparía de allí. Para salir hubieran tenido que desplazarse a una velocidad superior a la de la luz, lo cual no es posible por la teoría de la relatividad. De este modo, dentro del agujero negro quedaría atrapada la materia, que se contraería hasta un estado desconocido de elevadísima densidad.

Einstein se sintió profundamente inquieto por las inferencias de este colapso y se negó a creer lo que sucedía. En 1939 Robert Oppenheimer demostró que una estrella vieja, con una masa de más del doble de la del Sol, se contraería inevitablemente tras haber agotado todo su combustible nuclear. Entonces sobrevino la guerra y Oppenheimer se consagró al proyecto de la bomba atómica dejando de ocuparse del colapso gravitatorio. Otros científicos se interesaban más por una física que pudieran estudiar en la Tierra. Desconfiaban de predicciones sobre remotas regiones del universo, porque no creían que pudieran comprobarlas mediante observaciones. El gran progreso en alcance y calidad de las observaciones astronómicas durante la década de 1960 suscitó un nuevo interés por el colapso gravitatorio y el universo primitivo. No estuvo exactamente claro lo que la teoría general de la relatividad de Einstein predecía en esas situaciones, hasta que Roger Penrose y yo formulamos diversos teoremas. Estos demostraron que el hecho de que el espacio-tiempo se curvase sobre sí mismo suponía la existencia de unas *singularidades*, sitios en donde el espacio-tiempo tuviera un comienzo o un final. Habría existido un comienzo en el Big Bang, hace unos quince mil millones de años y llegaría a un final para una estrella que se contrajese y para todo lo que cayera en el agujero negro que dejara el colapso de la estrella.

El hecho de que la teoría general de la relatividad de Einstein predijese así unas singularidades determinó una crisis en la física. Las ecuaciones de la relatividad general, que relacionan la curvatura del espacio-tiempo con la distribución de la masa y de la energía, no pueden definirse en una singularidad. Eso significa que la relatividad general no es capaz de predecir lo que surge de una singularidad, en especial, la relatividad general no puede indicar cómo tuvo que comenzar el universo en el Big Bang; en consecuencia, la relatividad general no es una teoría completa; precisa de un ingrediente adicional para determinar el modo en que hubo de comenzar el universo y lo que ha de suceder cuando se contraiga la materia bajo su propia gravedad.

El ingrediente adicional necesario parece ser la mecánica cuántica. En 1905, el mismo año en que redactó su trabajo sobre la teoría especial de la relatividad, Einstein escribió sobre un fenómeno llamado el *efecto fotoeléctrico*. Se había observado que cuando la luz incidía sobre ciertos metales se desprendían partículas cargadas. Lo sorprendente era que si se reducía la intensidad de la luz, disminuía el número de partículas emitidas, pero la velocidad a la que se emitía cada partícula seguía siendo la misma. Einstein demostró que esto podía explicarse si la luz no llegaba en cantidades continuamente variables, como todo el mundo había supuesto, sino solo en paquetes de cierto valor fijo. La idea de que la luz solo llegara en conjuntos denominados *cuantos* fue introducida, pocos años antes, por el físico alemán Max Planck. Es algo así como decir que en el supermercado uno no puede comprar azúcar suelto, sino solo bolsas de kilo. Planck utilizó la idea de los *cuantos* para explicar la razón por la que un pedazo de metal al rojo vivo no desprende una cantidad infinita de calor; pero consideró los *cuantos* simplemente como un recurso teórico, como algo que no se correspondía con nada en la realidad física. El trabajo de Einstein demostró que era posible observar directamente *cuantos* aislados. Cada partícula emitida correspondía a un *cuanto* de luz que incidía sobre el metal. Todo el mundo reconoció que aquello significaba una aportación valiosa a la teoría cuántica y por eso ganó el Premio Nobel en 1922. (Debería haberlo conseguido por la relatividad general, pero por entonces aún se consideraba bastante especulativa y controvertida la idea de que se curvasen el espacio y el tiempo, así que lo galardonaron por el efecto fotoeléctrico, lo cual no quiere decir que ese descubrimiento no mereciese por sí solo el premio).

No se comprendieron plenamente las implicaciones del efecto fotoeléctrico hasta 1925, cuando Werner Heisenberg señaló que este hacía imposible medir exactamente la posición de una partícula. Para ver qué es una partícula, hay que arrojar luz sobre ella. Pero Einstein había demostrado que no se podía emplear un volumen pequeñísimo de luz; había que utilizar al menos un conjunto o *cuanto*. Ese conjunto de luz alteraría la partícula y la obligaría a moverse a una cierta velocidad en alguna dirección. Cuanto más exactamente deseara uno medir la posición de una partícula, mayor sería la energía del conjunto que tendría que utilizar y más perturbaría así a la partícula. Por mucho que se tratase de medir la partícula, la indeterminación de su posición multiplicada por la indeterminación de su velocidad sería siempre mayor de un cierto valor mínimo.

El principio de indeterminación de Heisenberg demostró que no es posible medir exactamente el estado de un sistema, así que no se puede predecir con precisión lo que éste hará en el futuro. Todo lo que cabe hacer es predecir las probabilidades de diferentes resultados. Era este elemento de azar o aleatoriedad lo que tanto inquietaba a Einstein. Se negó a admitir que las leyes físicas no pudieran formular una predicción tajante y definida de lo que sucedería. Pero sea cual fuera la forma en que uno lo exprese, todos los testimonios indican que el fenómeno cuántico y el principio de indeterminación son inevitables y se dan en cada rama de la física.

La relatividad general de Einstein es lo que se denomina una *teoría clásica*, o sea, que no incorpora el principio de indeterminación. Hay que encontrar una nueva teoría que combine la relatividad general con el principio de indeterminación. En la mayoría de las situaciones sería muy pequeña la diferencia entre esta nueva teoría y la relatividad general clásica. Y ello porque, como se advirtió antes, la indeterminación que predicen los efectos cuánticos corresponde solo a escalas muy pequeñas, mientras que la relatividad general aborda la estructura del espacio-tiempo en escalas muy grandes. Pero los teoremas de la singularidad que Roger Penrose y yo sustanciamos demuestran que el espacio-tiempo solo se curvará mucho en escalas muy pequeñas. Los efectos del principio de indeterminación se tornarán entonces muy importantes, y esto parece apuntar hacia algunos resultados notables.

Los problemas de Einstein con la mecánica cuántica y el principio de indeterminación se debieron, en parte, a haber empleado la noción corriente y ordinaria, según la cual un sistema posee una historia definida. Una partícula se encuentra en un lugar o en otro; no puede estar a medias en uno y a medias en otro. De manera semejante, un acontecimiento como la llegada de astronautas a la Luna o se ha producido o no ha tenido lugar. No puede haberse producido a medias. Es como el hecho de que ninguna persona puede estar un poco muerta o un poco embarazada. O lo está o no lo está. Pero si un sistema posee una sola historia definida, el principio de indeterminación conduce a todo género de paradojas, como que las partículas estén en dos sitios al mismo tiempo o que los astronautas solo medio lleguen a la Luna.

El físico norteamericano Richard Feynman expuso un medio ingenioso para sustraerse a esas paradojas que tanto habían inquietado a Einstein. Feynman cobró fama en 1948 por su trabajo sobre la teoría cuántica de la luz. En 1965 recibió el Premio Nobel junto a otro norteamericano, Julian Schwinger, y el japonés Shinichiro Tomonaga. Era un físico de cuerpo entero, de la misma tradición que Einstein. Odiaba la pompa y la bambolla y dimitió de la Academia Nacional de Ciencias cuando descubrió que allí invertía la mayor parte del tiempo en decidir a qué otros científicos deberían admitir en la entidad. A Feynman, que murió en 1988, se le recuerda por sus numerosas aportaciones a la física teórica. Una de estas fueron los diagramas que llevan su nombre y que constituyen la base de casi todos los cálculos en la física de partículas. Contribución todavía más importante fue su concepto de la *suma de historias*. La idea era que un sistema no tiene en el espacio-tiempo una sola historia, como supondría normalmente una teoría clásica no cuántica. Posee más bien toda historia posible. Consideremos, por ejemplo, el caso de una partícula que está en un punto A en un momento preciso. Por lo común cabría suponer que esa partícula se alejaría de A en línea recta. Pero, según la suma de historias, puede moverse por *cualquier* trayectoria que empiece en A. Es como lo que sucede cuando se deja caer una gota de tinta en un pedazo de papel secante; las partículas de tinta se difundirán por el secante por cualquier trayectoria posible, y aunque se recorte el papel, bloqueando la línea recta entre dos puntos, la tinta rodeará el obstáculo.

Asociado a cada trayectoria o historia de la partícula existirá un número que depende de la forma de la trayectoria. La probabilidad de que la partícula viaje de A a B viene expresada por la suma de los números asociados con todas las trayectorias que siga la partícula de A a B. En la mayoría de las trayectorias, el número asociado con la trayectoria anulará casi todos los números de las trayectorias próximas. Representarán así una escasa contribución a la probabilidad de que la partícula vaya de A a B, pero a los números de las trayectorias rectas se sumarán los de las trayectorias que son casi rectas. De este modo, la aportación principal a la probabilidad procederá de trayectorias rectas o casi rectas. Esa es la razón de que parezca casi recto el rastro de una partícula cuando atraviesa una cámara de burbujas, pero si en el camino de la partícula se coloca una especie de barrera con una ranura, puede que las trayectorias se diversifiquen más allá de la ranura y que sea elevada la probabilidad de hallar a la partícula lejos de la línea recta.

En 1973 comencé a investigar el efecto que tendría el principio de indeterminación en el espacio-tiempo curvo de las proximidades de un agujero negro. Lo curioso fue que descubrí que el agujero no sería completamente negro. El principio de indeterminación permitiría que escapasen a un ritmo constante partículas y radiación. Este resultado constituyó para mí, y para cualquiera, una completa sorpresa y fue acogido con una incredulidad general. Pero si se reflexiona detenidamente, tendría que haber sido obvio. Un agujero negro es una región del espacio de la que es imposible escapar si uno viaja a una velocidad inferior a la de la luz, aunque la suma de historias de Feynman afirma que las partículas pueden seguir *cualquier* trayectoria a través del espacio-tiempo. Así, es posible que una partícula se desplace más rápido que la luz. Resulta escasa la probabilidad de que recorra una larga distancia por encima de la velocidad de la luz, pero puede desplazarse más veloz que la luz para salir del agujero negro y, entonces, continuar más lenta que la luz. De este modo, el principio de indeterminación permite que las partículas escapen de lo que se consideraba una prisión definitiva, un agujero negro. La probabilidad de que una partícula salga de un agujero negro de la masa del Sol sería muy reducida, porque tendría que viajar a velocidad mayor que la de la luz durante varios kilómetros, pero pueden existir agujeros negros mucho más pequeños, formados en el universo primitivo. Estos agujeros negros primordiales podrían tener un tamaño inferior al del núcleo de un átomo y, sin embargo, su masa sería de mil millones de toneladas, la del monte Fuji. Es posible que emitan tanta energía como una gran central eléctrica. ¡Si consiguiéramos encontrar uno de esos diminutos agujeros negros y aprovechar su energía! Por desgracia, no parece haber muchos en el universo.

La predicción de radiación de los agujeros negros fue el primer resultado no trivial de la combinación de la relatividad general de Einstein con el principio cuántico. Demostró que el colapso gravitatorio no era un callejón sin salida como parecía ser. Las partículas de un agujero negro no tienen por qué tener un final de sus historias en una singularidad. De hecho, pueden escapar del agujero negro y proseguir más allá sus historias. Tal vez el principio cuántico signifique que también uno es capaz de sustraerse a las historias contando con un comienzo en el tiempo, un punto de creación, en el Big Bang.

Esta es una cuestión a la que resulta mucho más difícil responder, porque supone aplicar el principio cuántico a la estructura misma del tiempo y del espacio y no simplemente a trayectorias de partículas en un determinado fondo de espacio-tiempo. Lo que hace falta es un modo de efectuar la suma de historias no solo para unas partículas, sino para todo el entramado del espacio y el tiempo. Aún no sabemos cómo efectuar adecuadamente esta adición, pero sabemos que debe poseer ciertas características. Una de ellas es que resulta más fácil efectuar la suma cuando abordamos las historias en el denominado *tiempo imaginario* y no en el tiempo ordinario y real. El *tiempo imaginario* es un concepto difícil de captar, y probablemente el que planteó problemas más serios a los lectores de mi libro. Algunos filósofos me han criticado acremente por recurrir al tiempo imaginario. ¿Cómo es posible que eso tenga algo que ver con el universo real? Creo que estos filósofos no han aprendido las lecciones históricas. Hubo un período en que se consideraba obvio que la Tierra era plana y que el Sol giraba alrededor de ella, y sin embargo, desde la época de Copérnico y Galileo, tuvimos que acomodarnos ala idea de que la Tierra era redonda y gira alrededor del Sol. De modo semejante parecía obvio que el tiempo transcurría al mismo ritmo para cualquier observador; sin embargo, desde Einstein hemos tenido que aceptar que el tiempo pasa a ritmos diferentes para distintos observadores. También resultaba obvio que el universo poseía una historia singular, pero desde el descubrimiento de la mecánica cuántica hemos tenido que considerar al universo como poseedor de todas las historias posibles. Creo que habremos de admitir la idea del tiempo imaginario. Representa un salto intelectual del mismo orden que creer que el mundo es redondo. Pienso que el tiempo imaginario acabará por antojársenos tan natural como ahora la redondez de la Tierra. En el mundo instruido no quedan muchos que crean en un mundo plano.

Cabe concebir el tiempo ordinario y real como una línea horizontal que va de izquierda a derecha. El tiempo previo está a la izquierda y el ulterior a la derecha. Pero también es posible considerar otra dirección del tiempo, arriba y debajo de la página. Esta es la llamada *dirección imaginaria del tiempo*, en ángulo recto con el tiempo real.

¿Qué objeto tiene introducir el concepto de *tiempo imaginario*? ¿Por qué no atenerse simplemente al tiempo real y ordinario que comprendemos? La razón es que, como advertí antes, materia y energía tienden a hacer que el espacio-tiempo se curve sobre sí mismo. En la dirección del tiempo real, esto conduce inevitablemente a singularidades, lugares donde concluye el espacio-tiempo. En las singularidades no cabe definir las ecuaciones de la física; en consecuencia, no es posible predecir lo que sucederá. Pero la dirección del tiempo imaginario se halla en ángulo recto con el tiempo real, lo que significa que se comporta de manera similar a las tres direcciones que corresponden al movimiento en el espacio. La curvatura del espacio-tiempo determinada por la materia del universo puede entonces conducir a que se reúnan por detrás las tres direcciones espaciales y la dirección del tiempo imaginario. Constituirían una superficie cerrada, como la de la Tierra. Las tres direcciones espaciales y la dirección del tiempo imaginario formarían un espacio-tiempo cerrado en sí mismo, sin límites ni bordes. No tendría sentido hablar de comienzo o fin, del mismo modo que tampoco lo tiene el referirse al principio o final de la superficie de la Tierra.

En 1983, Jim Hartle y yo propusimos que la suma de historias del universo no se estudiara como historias en tiempo real, sino que se abordase en historias en tiempo imaginario, cerradas sobre sí mismas, como la superficie de la Tierra. Como estas historias carecían de singularidades o de comienzo o final alguno, lo que allí sucediera quedaría enteramente determinado por las leyes de la física, significando la posibilidad de calcular lo sucedido en tiempo imaginario. Y si uno conoce la historia del universo en tiempo imaginario, puede calcular su comportamiento en tiempo real. De esta manera cabría esperar la obtención de una teoría unificada completa que predijera todo en el universo. Einstein consagró los últimos años de su vida a la búsqueda de semejante teoría. No la encontró porque desconfiaba de la mecánica cuántica. No estaba preparado para reconocer que el universo podría tener muchas historias alternativas como en la suma de historias. Aún no sabemos cómo hacer apropiadamente la suma de historias para el universo, pero podemos estar seguros de que implicará un tiempo imaginario y la idea del espacio-tiempo cerrado sobre sí mismo. Creo que estos conceptos llegarán a parecer tan naturales a la próxima generación como la idea de que el mundo es redondo. El tiempo imaginario resulta ya habitual en la ciencia ficción, pero es algo más que ciencia ficción o que un truco matemático. Se trata de algo que conforma el universo en que vivimos.

NUEVE

EL ORIGEN DEL UNIVERSO[11]

E l problema del origen del universo es un poco como la tan trillada pregunta: ¿qué fue antes, la gallina o el huevo? En otras palabras, ¿qué entidad creó el universo y qué creó esa entidad? Tal vez existieron siempre el universo o la entidad que lo creó y que no necesitaban ser creados. Hasta hace poco tiempo, los científicos trataban de rehuir tal pregunta, considerando que correspondía más a la metafísica o a la religión que a la ciencia. Pero en los últimos años se ha advertido que las leyes de la ciencia pudieron regir incluso en el comienzo del universo, pudiendo ser delimitado y determinado de un modo completo por las leyes de la ciencia.

El debate acerca de cuál fue el principio y cómo comenzó el universo se ha desarrollado a lo largo de toda la historia humana conocida. Básicamente existieron dos escuelas de pensamiento.

---

11. Ponencia pronunciada durante la conferencia "Trescientos años de la gravedad", celebrada en Cambridge en junio de 1987, para conmemorar el tricentésimo aniversario de la publicación de los *Principia* de Newton.

Muchas de las tradiciones primitivas y las religiones judía, cristiana e islámica sostenían que el universo fue creado en un pasado bastante reciente. (En el siglo XVII el obispo Ussher fijó en el año 4004 a.C. la creación del universo, fecha a la que llegó sumando edades de personajes del Antiguo Testamento). Un hecho que apoyaba la idea del origen reciente era el reconocimiento de que evidentemente la raza humana evolucionaba en cultura y tecnología. Recordábamos quién fue el primero en tal tarea o en desarrollar determinada técnica. Así que, prosigue la argumentación, no podríamos llevar aquí mucho tiempo, de otro modo, habríamos progresado mucho más. En realidad, la fecha bíblica de la creación no dista mucho de la del final de la última glaciación, que es cuando al parecer surgieron los primeros seres humanos modernos.

A algunos, como el filósofo griego Aristóteles, no les agradaba la idea de que el universo hubiera tenido un comienzo. Consideraban que eso implicaría una intervención divina. Preferían creer que el universo había existido siempre y que siempre existiría. Algo eterno resultaba más perfecto que algo que tuvo que ser creado. Contaban con una respuesta para el argumento del progreso humano antes expuesto: inundaciones periódicas y otros desastres naturales habrían devuelto repetidamente a la raza humana a su mismo comienzo.

Ambas escuelas de pensamiento sostenían que el universo era esencialmente inmutable a lo largo del tiempo. O había sido creado en su forma presente o había existido siempre tal como es hoy. Se trataba de una creencia natural, porque la vida humana —y desde luego el conjunto de toda la historia conocida— es tan breve que durante ese tiempo el universo no ha cambiado significativamente. En un universo estático e inmutable la cuestión de si ha existido siempre o si fue creado en un tiempo finito corresponde realmente a la metafísica o a la religión: cualquier teoría podría explicar ese universo. En 1781, el filósofo Immanuel Kant

EL ORIGEN DEL UNIVERSO

escribió una obra monumental y muy abstrusa, *Crítica de la razón pura*, en la que llegaba a la conclusión de que existían argumentos igualmente válidos para creer que el universo tuvo un comienzo como para opinar que no fue así. Como su título indica, sus conclusiones se hallaban basadas simplemente en la razón; en otras palabras, no tenía en cuenta alguna de las observaciones referidas al universo. Después de todo, ¿qué había que observar en un universo inmutable?

Pero en el siglo XIX comenzaron a acumularse datos indicadores de que la Tierra y el resto del universo cambiaban de hecho a lo largo del tiempo. Los geólogos advirtieron que la formación de las rocas y de los fósiles que contenían habrían necesitado centenares o miles de millones de años. Esto era mucho más que la edad calculada para la Tierra por los creacionistas. Más tarde, la llamada *segunda ley de la termodinámica* del físico alemán Ludwig Boltzmann proporcionó otros datos: señaló que el volumen total de desorden en el universo (medido por una cantidad llamada *entropía*) aumenta siempre con el tiempo. Como el argumento sobre el progreso humano, esta formulación indica la posibilidad de que el universo solo haya existido por un tiempo finito. De otro modo, habría degenerado ya en un estado de completo desorden en el que todo se hallaría a la misma temperatura.

Otra dificultad que planteaba la idea de un universo estático era que, según la ley de la gravedad de Newton, cada estrella del universo debería ser atraída hacia todas las demás. De ser así, ¿cómo podrían permanecer inmóviles y mantener unas distancias? ¿No deberían precipitarse hasta unirse?

Newton era consciente de este problema. En una carta a Richard Bentley, destacado filósofo de la época, admitió que una colección *finita* de estrellas no podía permanecer inmóvil; todas caerían hasta reunirse en algún punto central. Pero, arguyó, una colección infinita de estrellas no se precipitaría porque carecería de un punto central en el que caer. El argumento es un ejemplo de las trampas que uno encuentra cuando se refiere a sistemas infinitos. Al emplear diferentes modos de sumar las fuerzas ejercidas sobre cada estrella por el número infinito de estas, cabe obtener respuestas diferentes a la pregunta de si las estrellas pueden guardar entre sí distancias constantes. Sabemos ahora que el procedimiento correcto consiste en considerar el caso de una región *finita* de estrellas y luego sumar más, distribuidas de una manera aproximadamente uniforme fuera de esa región. Una colección finita de estrellas acabaría por integrarse y, según la ley de Newton, la adición de más estrellas externas a la región no impediría el colapso, en consecuencia, una colección infinita de estrellas no puede permanecer en un estado estático. Si las estrellas no se desplazan a un tiempo unas en relación con las otras, la atracción las obligará a caer. Alternativamente pueden alejarse mientras que la gravedad reduce la velocidad de la separación.

Pese a estas dificultades planteadas por la idea de un universo estático e inmutable, durante los siglos XVII, XVIII, XIX y hasta el comienzo del siglo XX, nadie apuntó que el universo pudiera estar evolucionando con el tiempo. Tanto Newton como Einstein perdieron la oportunidad de predecir que el universo debería hallarse en contracción o en expansión. No es posible realmente culpar a Newton, porque vivió 250 años antes del descubrimiento de la expansión del universo mediante observaciones. Pero Einstein debería haberlo comprendido. La teoría de la relatividad general que formuló en 1915 indicaba que el universo estaba expandiéndose, pero se hallaba tan convencido de la idea de un universo estático que añadió un elemento a su teoría para reconciliarla con la de Newton y la gravedad en equilibrio.

El descubrimiento en 1929 de la expansión del universo por parte de Edwin Hubble alteró por completo el debate sobre su origen. Si se considera la noción actual sobre las galaxias y se echa marcha atrás en el tiempo, parece que debieron de estar reunidas en algún momento comprendido entre los 10 000 y 20 000 millones de años. En esa época, una singularidad denominada el Big Bang, la densidad del universo y la curvatura del espacio-tiempo habrían sido infinitas. Bajo tales condiciones se quebrarían todas las leyes conocidas de la ciencia. Esto significa un desastre para ella. Significaría que por sí sola no puede indicar cómo empezó el universo. Todo lo que sería capaz de decir es lo siguiente: el universo es como es ahora porque era como era entonces. Pero la ciencia no podría explicar por qué fue como fue justo después del Big Bang.

No es sorprendente que muchos científicos se sintieran incómodos con esta conclusión. Surgieron diversas tentativas para sustraerse a la idea de que tuvo que existir una singularidad del Big Bang y, por consiguiente, un comienzo del tiempo. Una fue la llamada *teoría del estado estable*. Según esta, al separarse unas de otras las galaxias, se formarían otras nuevas en los espacios intermedios con materia continuamente creada. El universo habría existido y existiría siempre más o menos en el mismo estado que ahora.

Para que el universo siguiera expandiéndose y se creara nueva materia, el modelo del estado estable requería una modificación de la relatividad general, pero el ritmo necesario de creación era muy bajo: aproximadamente una partícula por kilómetro cúbico cada año, lo que no entraría en conflicto con las observaciones. La teoría predecía, además, que el promedio de densidad de galaxias y objetos similares sería constante tanto en espacio como en tiempo, pero diversas observaciones de fuentes de radiaciones de fuera de nuestra galaxia, efectuadas por Martin Ryle y su grupo de Cambridge, mostraron que eran muchas más las fuentes tenues que las intensas. Por término medio cabría esperar que las fuentes tenues fuesen las más remotas. Existían así dos posibilidades: o nos hallábamos en una región del universo en donde las fuentes intensas eran menos frecuentes que el promedio, o la densidad de las fuentes fue superior en el pasado, cuando de las más distantes partió la luz en su viaje hacia nosotros. Ninguna de estas posibilidades resultaba compatible con la predicción de la teoría del estado estable de que la densidad de las radiofuentes fuese constante en el espacio y en el tiempo. Arno Penzias y Robert Wilson asestaron en 1964 el golpe final a la teoría cuando descubrieron un fondo de radiaciones de microondas mucho más allá de nuestra galaxia. Poseía el espectro característico de la radiación emitida por un cuerpo caliente, aunque en este caso el término caliente resulte difícilmente apropiado, porque la temperatura era solo de 2.7 grados por encima del cero absoluto. ¡El universo es un lugar frío y tenebroso! No existía mecanismo razonable dentro de la teoría del estado estable para generar microondas con semejante espectro. Por esa razón tuvo que ser abandonada la teoría.

Otra idea que evitaría una singularidad del Big Bang fue la formulada en 1963 por dos científicos rusos, Evgenii Lifshitz e Isaac Khalatnikov. Afirmaron que solo podía existir un estado de densidad infinita si las galaxias se desplazaran directamente acercándose o alejándose; solo entonces habrían estado reunidas todas en un solo punto en el pasado. Pero las galaxias tendrían también algunas pequeñas velocidades marginales y estas podrían explicar la existencia en el universo de una previa fase de contracción en donde las galaxias se aproximaron mucho, pero de algún modo consiguieron evitar el choque. El universo podría entonces haberse rexpandido sin haber pasado por un estado de densidad infinita.

Cuando Lifshitz y Khalatnikov formularon su sugerencia, yo era un estudiante a la búsqueda de un problema con qué completar mi tesis doctoral. Me interesaba la cuestión de si había existido una singularidad del Big Bang, porque resultaba crucial para entender el origen del universo. Con Roger Penrose desarrollé una nueva serie de técnicas matemáticas para abordar este problema y otros similares. Mostramos que, si la relatividad general era correcta, cualquier modelo razonable del universo debía partir de una singularidad, lo que significaba que la ciencia podría afirmar que el universo tenía que haber conocido un comienzo, pero que no podía decir cómo *tuvo* que empezar. Para esto había que recurrir a Dios.

Es interesante observar el cambio en el clima de opinión acerca de las singularidades. Cuando me gradué, casi nadie las tomaba en serio. Ahora, como consecuencia de los teoremas de la singularidad, casi todos estiman que el universo comenzó con alguna singularidad en la que se quebraron las leyes de la física. Creo que, a pesar de la existencia de una singularidad, las leyes de la física pueden determinar todavía cómo comenzó el universo.

La teoría general de la relatividad es lo que se denomina una *teoría clásica*. Es decir, prescinde del hecho de que las partículas carecen de posiciones y velocidades exactamente definidas y se hallan *dispersas* por una pequeña región conforme al principio de indeterminación de la mecánica cuántica que no permite medir simultáneamente la posición y la velocidad. Esto no importa en situaciones normales, porque el radio de curvatura del espacio-tiempo es muy grande en comparación con la indeterminación en la posición de una partícula. Pero los teoremas de la singularidad indican que en el comienzo de la presente fase de expansión del universo el espacio-tiempo estará muy distorsionado, con un pequeño radio de curvatura. En esta situación, sería muy importante el principio de indeterminación. De este modo, la relatividad general provoca su propia caída al predecir singularidades. Para debatir el origen del universo necesitamos una teoría que combine la relatividad general con la mecánica cuántica.

La gravedad cuántica es esa teoría. Aún no conocemos la forma exacta que adoptará la teoría correcta de la gravedad cuántica. La teoría de las supercuerdas es la mejor candidata de que disponemos en la actualidad, pero todavía existen diversas dificultades sin resolver. Empero, cabe que en cualquier teoría viable estén presentes ciertas características. Una es la idea de Einstein de que es posible representar los efectos de la gravedad por un espacio-tiempo curvo o distorsionado —combado— por la materia y la energía que contiene. En este espacio curvo los objetos tratan de desplazarse siguiendo una trayectoria lo más próxima a una línea recta. Sin embargo, por ser curvo, sus trayectorias aparecen combadas como por un campo gravitatorio.

Confiamos en que en la teoría definitiva se halle presente también la propuesta de Richard Feynman, según la cual la teoría cuántica puede ser formulada como una *suma de historias*. En su forma más simple, la idea es que toda partícula posee en el espacio-tiempo cada trayectoria o historia posible. Cada trayectoria o historia tiene una probabilidad que depende de su forma. Para que esta idea funcione hay que considerar historias que se desarrollen en *tiempo imaginario*, en vez del tiempo real en que percibimos la existencia. El tiempo imaginario puede parecer cosa de ciencia ficción, pero se trata de un concepto matemático muy definido. En cierto sentido cabe concebirlo como una dirección del tiempo perpendicular al tiempo real. Se suman las probabilidades de todas las historias de partículas con determinadas propiedades, como pasar por ciertos puntos en ciertos momentos. Hay que extrapolar los resultados al espacio-tiempo real en que vivimos. Este no es el enfoque más familiar de la teoría cuántica, pero proporciona los mismos resultados que otros métodos.

En el caso de la gravedad cuántica, la idea de Feynman de una *suma de historias* supondrá adicionar diferentes historias posibles del universo, es decir, diferentes espacios-tiempos curvos. Representarían la historia del universo y de todo lo que contiene. Hay que especificar qué clase de espacios curvos posibles deberían incluirse en la suma de historias. La elección de esta clase de espacios curvos determina en qué estado se halla el universo. Si la clase de espacios curvos que define el estado del universo incluyera espacios con singularidades, las probabilidades de tales espacios no estarían determinadas por la teoría. Por el contrario, habría que asignar las probabilidades de algún modo arbitrario. Lo que esto significa es que la ciencia no puede predecir las probabilidades de tales historias singulares para el espacio-tiempo. Así, no se podría predecir el comportamiento del universo. Pero es posible que el universo se halle en un estado definido por una suma que incluya solo espacios curvos no singulares. En este caso, las leyes de la ciencia determinarían completamente el universo; no habría que recurrir a una entidad ajena al universo para precisar cómo empezó. En cierta manera, la propuesta de que el estado del universo esté determinado solo por una suma de historias no singulares es como el borracho que busca su llave bajo el farol; quizá no sea allí donde la perdió, pero es el único lugar donde puede encontrarla. De modo similar, es posible que el universo no se halle en el estado definido por una suma de historias no singulares, pero es el único estado donde la ciencia puede predecir cómo debería ser el universo.

En 1983, Jim Hartle y yo señalamos que el estado del universo sería dado por una suma de ciertas clases de historias. Esta clase consistía en espacios curvos sin singularidades, que eran de tamaño finito pero carecían de límites o bordes. Serían como la superficie de la Tierra, pero con dos dimensiones más. La superficie de la Tierra posee un área finita, mas no tiene singularidades, límites o bordes. Lo he comprobado experimentalmente. Di la vuelta al mundo y no me caí.

Cabe parafrasear del siguiente modo la propuesta que Hartle y yo formulamos: la condición límite del universo es que no tenga límite. Solo si el universo se halla en ese estado carente de límite, las leyes de la ciencia pueden determinar por sí mismas las probabilidades de cada historia posible. Únicamente, pues, en este caso, determinarían leyes conocidas cómo debe comportarse el universo. Si este se halla en cualquier otro estado, la clase de espacios curvos en la suma de historias incluirá espacios con singularidades. Para determinar las probabilidades de tales historias singulares habría que invocar algún principio diferente de las leyes conocidas de la ciencia. Este principio sería algo ajeno a nuestro universo. No podríamos deducirlo desde el seno de este. Por otro lado, si el universo se halla en un estado sin límite, en teoría podríamos determinar completamente cómo debe comportarse, hasta la frontera del principio de indeterminación.

Resultaría evidentemente espléndido para la ciencia que el universo se hallara en un estado sin límite. Pero ¿cómo podemos decir si es así? La respuesta es que la propuesta sin límite formula predicciones definitivas sobre el modo en que debe comportarse el universo. Si estas predicciones no coinciden con las observaciones, se puede llegar a la conclusión de que el universo no se halla en un estado sin límite. La propuesta sin límite es una buena teoría científica en el sentido definido por el filósofo Karl Popper: puede ser rebatida o desmentida por la observación.

Si las observaciones no coinciden con las predicciones, sabremos que tiene que haber singularidades en la clase de historias posibles. Pero eso es todo lo que conoceremos. No podríamos calcular las probabilidades de las historias singulares, pues no seríamos capaces de predecir cómo debe comportarse el universo. Cabría pensar que esta imposibilidad de predicción no importaría mucho de ocurrir solo en el Big Bang; al fin y al cabo, eso sucedió hace diez o veinte mil millones de años. Pero si la posibilidad de predicción se quebró en los fortísimos campos gravitatorios del Big Bang, también podría venirse abajo allí donde una estrella se contrajese. Solo en nuestra galaxia esto podría suceder varias veces a la semana. Nuestra capacidad de predicción resultaría deficiente comparada incluso con la de las previsiones meteorológicas.

Claro está que uno puede decir que no hay por qué preocuparse de que se quiebre la capacidad de predicción en una estrella remota. Mas, en la teoría cuántica, todo lo que no está realmente vedado, puede suceder y sucederá, de modo que, si la clase de historias posibles incluye espacios con singularidades, estas podrán ocurrir en cualquier parte y no solo en el Big Bang y en el colapso de estrellas, lo que significaría que no seríamos capaces de predecir nada. De igual modo, el hecho de que podamos predecir acontecimientos constituye una prueba experimental en contra de las singularidades y a favor de la propuesta sin límite.

¿Qué es, pues, lo que la propuesta sin límite predice para el universo? Lo primero que cabe decir es que, como todas las historias posibles para el universo son finitas en magnitud, cualquier cantidad que se utilice como medida del tiempo tendrá un valor máximo y otro mínimo. Así, el universo contará con un principio y un final. El comienzo en tiempo real será la singularidad del Big Bang, pero en tiempo imaginario el comienzo no será una singularidad, constituirá, por el contrario, un poco como el Polo Norte de la Tierra. Si se consideran grados de latitud en la superficie como análogos del tiempo, podría decirse que la superficie de la Tierra comenzó en el Polo Norte. Pero este es un punto perfectamente ordinario del planeta. No hay nada especial al respecto y en el Polo Norte rigen las mismas leyes que en cualesquiera otros lugares del planeta. Igualmente, el acontecimiento que optemos por denominar *comienzo del universo en tiempo imaginario* será un punto ordinario del espacio-tiempo, muy semejante a cualquier otro. Las leyes de la ciencia regirán en el principio igual que en cualquier otro momento.

De la analogía con la superficie terrestre cabe esperar que el final del universo sea similar al principio, a la manera en que el Polo Norte se asemeja al Polo Sur. Pero los polos Norte y Sur corresponden al comienzo y al final de la historia del universo en el tiempo imaginario, no en el real que experimentamos. Si los resultados de la suma de historias se extrapolan del tiempo imaginario al real, encontraremos que el comienzo del universo en el tiempo real puede ser muy diferente de su final.

Jonathan Halliwell y yo hemos hecho un cálculo aproximado de lo que supondría una condición sin límite. Tratamos el universo como un fondo perfectamente terso y uniforme sobre el que habría pequeñas perturbaciones de densidad. En tiempo real, el universo comenzaría su expansión con un radio muy pequeño. Al principio la expansión sería la que se denomina *inflacionaria*, es decir, el universo doblaría de tamaño cada pequeña fracción de segundo, del mismo modo que en ciertos países doblan los precios de cada año. La marca mundial de inflación económica fue, probablemente, la de Alemania tras la Primera Guerra Mundial, donde el precio de una hogaza de pan pasó en pocos meses de menos de un marco a millones de marcos. Pero eso no es nada comparado con la inflación que parece haber ocurrido en el universo primitivo: un aumento de tamaño por un factor de un millón de un millón de un millón de un millón de un millón de veces en una pequeña fracción de segundo. Claro está que eso fue antes del presente gobierno.

La inflación resultó buena porque produjo un universo terso y uniforme en gran escala, que se expandía en la tasa justamente crítica para evitar la recontracción. La inflación fue también beneficiosa en cuanto que creó todos los elementos del universo casi literalmente de la nada. Sin embargo, ahora hay al menos 1080 partículas en la parte del universo que podemos observar. ¿De dónde vinieron todas esas partículas? La respuesta es que la relatividad y la mecánica cuántica permiten la creación de materia a partir de la energía en la forma de pares de partículas/antipartículas. ¿Y de dónde vino la energía para crear esa materia? La respuesta es que constituía un préstamo de la energía gravitatoria del universo.

Este tiene una enorme deuda de energía gravitatoria negativa que equilibra exactamente la energía positiva de la materia. Durante el período inflacionario el universo recibió un considerable préstamo de su energía gravitatoria para financiar la creación de más materia. El resultado constituyó un triunfo de la economía keynesiana: un vigoroso universo en expansión, rebosante de objetos materiales. Hasta el final del universo no habrá que pagar la deuda de energía gravitatoria.

El universo primitivo no pudo haber sido completamente homogéneo y uniforme, porque hubiera transgredido el principio de indeterminación de la mecánica cuántica. Existirían desviaciones de la densidad uniforme. La propuesta sin límite implica que estas diferencias de densidad surgieron en su estado fundamental, es decir, serían tan pequeñas como fuese posible, consecuentes con el principio de indeterminación. Pero las diferencias aumentarían durante el período inflacionario. Una vez concluida esa etapa, quedaría un universo que se expandería más rápidamente en unos lugares que en otros. En las regiones de expansión más lenta, la atracción gravitatoria de la materia reduciría aún más la expansión. Con el tiempo, la región dejaría de expandirse y se contraería para formar galaxias y estrellas. De este modo, la propuesta sin límite puede explicar toda la compleja estructura que vemos en torno de nosotros, pero no hace una predicción única para el universo, sino que predice toda una familia de historias posibles, cada una con su propia probabilidad. Puede que haya una historia posible en la que el partido laborista ganó las últimas elecciones en Gran Bretaña, aunque quizá sea baja la posibilidad.

La propuesta sin límite posee inferencias profundas respecto del papel de Dios en lo que se refiere al universo. Se acepta generalmente que el universo evoluciona según leyes bien definidas, leyes que pueden haber sido dispuestas por Dios, aunque parece que Él no interviene en el universo para quebrantar las leyes. Sin embargo, hasta fecha reciente, se consideraba que tales leyes no se aplicaban al comienzo del universo. Habría correspondido a Dios dar cuerda al reloj y empujar al universo por cualquier camino que deseara. El estado presente del universo sería así el resultado de la elección por parte de Dios de las condiciones iniciales.

Sin embargo, la situación sería muy diferente si fuese cierto algo semejante a la propuesta sin límite. En ese caso, las leyes de la física habrían estado vigentes incluso al comienzo del universo, de modo tal que Dios no habría tenido libertad para escoger las condiciones iniciales. Claro está que todavía sería libre de elegir las leyes que el universo obedeciera. Pero quizás no sea esta una elección muy amplia. Puede que exista solo un pequeño número de leyes, que sean consecuentes y que conduzcan a que seres complejos como nosotros puedan formular la pregunta ¿cuál es la naturaleza de Dios?

Y aunque solo haya una serie de leyes posibles, se trata únicamente de una serie de ecuaciones. ¿Qué es lo que alienta fuego sobre las ecuaciones y las hace gobernar un universo? ¿Es tan apremiante la teoría unificada definitiva que determina su propia existencia? Aunque la ciencia pueda resolver el problema del comienzo del universo, no es capaz de responder a la pregunta ¿por qué se molestó el universo en existir? Ignoro la respuesta.

DIEZ

LA MECÁNICA CUÁNTICA DE LOS AGUJEROS NEGROS[12]

En los primeros treinta años de este siglo surgieron tres teorías que alteraron radicalmente la visión que el hombre tenía de la física y de la propia realidad: la teoría especial de la relatividad (1905), la teoría general de la relatividad (1915) y la teoría de la mecánica cuántica (aproximadamente, 1926). Albert Einstein fue en gran medida responsable de la primera, enteramente responsable de la segunda y desempeñó un papel fundamental en el desarrollo de la tercera. Sin embargo, Einstein jamás aceptó la mecánica cuántica, a causa de su elemento aleatorio y de indeterminación. Resumió su opinión en una frase citada con frecuencia: "Dios no juega a los dados". La mayoría de los físicos pronto admitieron tanto la relatividad especial como la mecánica cuántica porque describían efectos que podían ser observados directamente. Por otro lado, la relatividad general fue en gran parte ignorada porque matemáticamente resultaba demasiado compleja, no era susceptible

---

12. Artículo publicado en *Scientific American*, en enero de 1977.

de comprobación en el laboratorio y se trataba de una teoría en verdad clásica que no parecía compatible con la mecánica cuántica. De ese modo, la relatividad general permaneció en el limbo casi cincuenta años.

El gran desarrollo de las observaciones astronómicas iniciado al principio de la década de 1960 suscitó una renovación del interés por la teoría clásica de la relatividad general porque parecía que muchos de los nuevos fenómenos descubiertos, como quásares, púlsares y fuentes compactas de rayos X, indicaban la existencia de campos gravitatorios muy intensos que solo cabía describir por medio de la relatividad general. Los quásares son objetos de apariencia estelar que deben ser mucho más brillantes que galaxias enteras si se hallan tan lejanos como indica el desplazamiento hacia el rojo de sus espectros; los púlsares son los restos en veloz parpadeo de explosiones de supernovas, a los que se considera estrellas muy densas de neutrones; las fuentes compactas de rayos X, reveladas por instrumentos instalados en vehículos espaciales, pueden ser también estrellas de neutrones o quizá objetos hipotéticos de densidad aun mayor, es decir, agujeros negros.

Uno de los problemas a los que se enfrentaron los físicos que trataron de aplicar la relatividad general a esos objetos recientemente descubiertos o hipotéticos fue el de hacerla compatible con la mecánica cuántica. En los últimos años se han registrado progresos que alientan la esperanza de que en un plazo no demasiado largo contemos con una teoría cuántica de la gravedad, plenamente consistente, compatible con la teoría general para los objetos macroscópicos y libre, confío, de las infinitudes matemáticas que han agobiado durante largo tiempo otras teorías cuánticas de campo. Estos avances guardan relación con ciertos efectos cuánticos recientemente descubiertos y asociados a los agujeros negros. Estos efectos cuánticos revelan una notable relación entre los agujeros negros y las leyes de la termodinámica.

Describiré brevemente cómo puede surgir un agujero negro. Imaginemos una estrella con una masa diez veces mayor que la del Sol. Durante la mayor parte de su existencia, unos mil millones de años, la estrella generará calor en su núcleo, transformando hidrógeno en helio. La energía liberada creará presión suficiente para que la estrella soporte su propia gravedad, dando lugar a un objeto de un radio cinco veces mayor que el del Sol. La velocidad de escape de una estrella semejante sería de unos 1 000 km/s, es decir, un objeto disparado verticalmente desde la superficie del astro sería retenido por su gravedad y retornaría a la superficie si su velocidad fuese inferior a los 1 000 km/s, mientras que un objeto a velocidad superior escaparía hacia el infinito.

Cuando la estrella haya consumido su combustible nuclear, nada quedará para mantener la presión exterior y el astro comenzará a contraerse por obra de su propia gravedad. Al encogerse la estrella, el campo gravitatorio de su superficie será más fuerte y la velocidad de escape ascenderá a los 300 000 km/s, la velocidad de la luz. A partir de ese momento, la luz emitida por esa estrella no podrá escapar al infinito porque será retenida por el campo gravitatorio. De acuerdo con la teoría especial de la relatividad, nada puede desplazarse a una velocidad superior a la de la luz, así que nada escapará si la luz no consigue salir.

El resultado será un agujero negro: una región del espacio-tiempo de la que no es posible escapar hacia el infinito. La frontera del agujero negro recibe el nombre de *horizonte de sucesos*. Corresponde a una onda luminosa de choque procedente de la estrella que no consigue partir al infinito y permanece detenida en el radio de Shwarzschild: 2 GM/c, en dónde G es la consonante de gravedad de Newton, M es la masa de la estrella, y c, la velocidad de la luz. Para una estrella de unas diez masas solares, el radio de Shwarzschild es de unos treinta kilómetros.

Existen suficientes datos de observaciones que indican que

hay agujeros negros de este tamaño aproximado en sistemas estelares dobles como la fuente de rayos X, a la que se conoce con el nombre de Cisne X-I. Además, puede que haya dispersos por el universo cierto número de agujeros negros mucho más pequeños y cuyo origen no sea el colapso de estrellas, sino regiones muy comprimidas del medio denso y caliente que se cree que existió poco después del Big Bang que dio origen al universo. Tales agujeros negros *primordiales* presentan un gran interés para los efectos cuánticos que describiré. Un agujero negro que pese mil millones de toneladas (aproximadamente la masa de una montaña) tendría un radio de 10^{-13} centímetros (el tamaño de un neutrón o de un protón); podría girar en órbita alrededor del Sol o del centro de la galaxia.

El primer atisbo de la posibilidad de una relación entre agujeros negros y termodinámica sobrevino en 1970 con el descubrimiento matemático de que la superficie del horizonte de sucesos, la frontera de un agujero negro, tiene la propiedad de aumentar siempre que materia o radiación adicionales caen en el agujero negro. Además, si dos agujeros negros chocan y se funden en uno solo, el área del horizonte de sucesos alrededor del agujero negro resultante es superior a la suma de las áreas de los horizontes de sucesos de los agujeros negros originales. Estas propiedades indican que existe una semejanza entre el área de un horizonte de sucesos de un agujero negro y el concepto de *entropía* en termodinámica. Cabe considerar la entropía como una medida del desorden de un sistema o, correspondientemente, como una falta de conocimiento de su estado preciso. La famosa segunda ley de termodinámica dice que la entropía aumenta siempre con el tiempo.

James M. Bardeen, de la Universidad de Washington, Brandom Carter, que trabaja en el Observatorio de Meuden, y yo hemos ampliado la analogía entre las propiedades de los agujeros negros y las leyes de la termodinámica. La primera ley de la termodinámica señala que un pequeño cambio en la entropía de un sistema se halla acompañado de un cambio proporcional en la energía del sistema. Al hecho de la proporcionalidad se le denomina *temperatura del sistema*. Bardeen, Carter y yo hallamos una ley similar que relaciona el cambio de masa de un agujero negro con el cambio en el área del horizonte de sucesos. Aquí el factor de proporcionalidad implica una cantidad a la que se denomina superficie de gravedad, que es una medida de la fuerza del campo gravitacional en el horizonte de sucesos. Si se admite que el área del horizonte de sucesos es análoga a la entropía, entonces parece que la gravedad superficial tiene que ser igual en todos los puntos del horizonte de sucesos, del mismo modo que es igual la temperatura en todos los puntos de un cuerpo con equilibrio térmico.

Aunque exista claramente una semejanza entre entropía y el área del horizonte de sucesos, nos parecía obvio el modo de identificar el área con la entropía de un agujero negro. ¿Qué se puede entender por entropía de un agujero negro? La afirmación crucial fue formulada en 1972 por Jacob D. Bekenstein, que era entonces estudiante postgraduado en la Universidad de Princeton y ahora trabaja en la Universidad de Negev, en Israel. Dice así: cuando se crea un agujero negro por obra de un colapso gravitatorio, rápidamente entra en una situación estacionaria caracterizada solo por tres parámetros que son la masa, el momento angular y la carga eléctrica. Al margen de estas tres propiedades, el agujero negro no conserva ninguna otra de las características del objeto que se contrajo. Esta conclusión, conocida como el *teorema de un agujero negro no tiene pelo*, fue demostrada por el trabajo en colaboración de Carter, Werner Israel, de la Universidad de Alberta, David C. Robinson, del King's College, de Londres, y mío.

El teorema de la carencia de pelo supone que durante la contracción gravitatoria se pierde una gran cantidad de información. Por ejemplo, el estado final del agujero negro es independiente de que el cuerpo que se contrajo estuviera compuesto de materia o de antimateria, que fuese esférico o de forma muy irregular. En otras palabras, un agujero negro de una masa, momento angular y carga eléctrica determinados, podría haber surgido del colapso de cualquiera de las muchísimas configuraciones diferentes de la materia. Y si no se tienen en cuenta los efectos cuánticos, el número de configuraciones sería desde luego infinito, puesto que el agujero negro pudo haber sido formado por el colapso de una nube de un número infinitamente grande de partículas de una masa infinitamente pequeña.

El principio de indeterminación de la mecánica cuántica implica, sin embargo, que una partícula de masa m se comporta como una onda de longitud h/mc, donde h es la constante de Planck (la pequeña cifra de 6.62×10^{-27} ergios por segundo) y c es la velocidad de la luz. Para que una nube de partículas sea capaz de contraerse hasta formar un agujero negro, parece necesario que esa longitud de onda tenga un tamaño inferior al del agujero negro así formado. Resulta por eso que el número de configuraciones susceptibles de formar un agujero negro de una masa, momento angular y carga eléctrica determinados, aunque muy grande, puede ser finito. Bekenstein afirmó que es posible interpretar el logaritmo de este número como la entropía de un agujero negro. El logaritmo del número sería una medida del volumen de información que se pierde irremediablemente durante el colapso a través de un horizonte de sucesos al surgir un agujero negro.

El defecto aparentemente fatal en la afirmación de Bekenstein consistía en que si un agujero negro posee una entropía finita, proporcional al área de su horizonte de sucesos, debe tener también una temperatura finita que sería proporcional a la gravedad de su superficie. Eso significaría la posibilidad de que un agujero negro se hallase en equilibrio con la radiación térmica a una temperatura que no fuese la del cero absoluto. Pero tal equilibrio no es posible de acuerdo con los conceptos clásicos, porque el agujero negro absorbería a cualquier radiación térmica que allí cayera, pero, por definición, no podría emitir nada a cambio.

Esta paradoja subsistió hasta comienzos de 1974, cuando yo investigaba cuál sería, conforme a la mecánica cuántica, el comportamiento de materia en la proximidad de un agujero negro. Descubrí, con gran sorpresa, que el agujero negro no podía emitir nada. Por eso me esforcé cuanto me fue posible por desembarazarme de un efecto tan desconcertante. Se negó a desaparecer, así que, en definitiva, hube de aceptarlo; lo que finalmente me convenció de que se trataba de un auténtico proceso físico fue que las partículas arrojadas poseen un espectro precisamente térmico: el agujero negro crea y emite partículas como si fuese un cuerpo cálido ordinario con una temperatura directamente proporcional a la gravedad superficial e inversamente proporcional a la masa. Esto hizo que la afirmación de Bekenstein, de que un agujero negro posee una entropía finita, fuera completamente consistente, puesto que implicaba que un agujero negro podría hallarse en equilibrio térmico a alguna temperatura finita que no fuese la de cero.

Desde entonces la prueba matemática de que los agujeros negros pueden efectuar emisiones térmicas ha sido confirmada por otros investigadores con distintos enfoques. He aquí un modo de comprender esa emisión. La mecánica cuántica implica que el conjunto del espacio se halla ocupado por pares de partículas y antipartículas *virtuales* que se materializan constantemente en parejas, separándose e integrándose para aniquilarse entre sí. Se denominan *virtuales* a estas partículas porque, a diferencia de las *reales*, no pueden ser observadas directamente mediante un detector de partículas; sin embargo, se pueden medir sus efectos indirectos y su existencia ha quedado confirmada por un pequeño desplazamiento (el *desplazamiento de Lamb*) que originan en el espectro luminoso de átomos de hidrógeno excitados. En presencia de un agujero negro, un miembro de un par de partículas virtuales puede caer en el agujero, dejando al otro miembro sin pareja con la que aniquilarse. La partícula o antipartícula abandonada puede caer en el agujero negro tras su pareja, pero también es posible que escape al infinito donde aparece como radiación emitida por el agujero negro.

Otro modo de examinar el proceso consiste en considerar al miembro de la pareja de partículas que cae en el agujero negro —por ejemplo, la antipartícula— como una partícula que en realidad retrocede en el tiempo. Así cabe observar la antipartícula que cae en el agujero negro como una partícula que emerge de este pero retrocede en el tiempo. Cuando la partícula llega al punto en que se materializó originalmente el par partícula-antipartícula, es dispersada por el campo gravitatorio y en consecuencia avanza en el tiempo.

La mecánica cuántica ha permitido que una partícula escape del interior de un agujero negro, posibilidad que le niega la mecánica clásica. Existen en la física atómica y nuclear muchas otras situaciones donde hay un cierto tipo de barrera que las partículas no podrían salvar según los principios clásicos, pero que atraviesan por obra de principios de la mecánica cuántica.

El espesor de la barrera alrededor de un agujero negro es proporcional al tamaño de este. Eso significa que muy pocas partículas pueden escapar de un agujero negro tan grande como el que se supone que existe en Cisne X-I, pero consiguen salir con mucha rapidez de agujeros negros más pequeños. Unos cálculos minuciosos revelan que las partículas emitidas tienen un espectro térmico correspondiente a una temperatura que aumenta velozmente a medida que decrece la masa del agujero negro. Para un agujero negro con la masa del Sol, la temperatura es solo una diezmillonésima de grado por encima del cero absoluto. La radiación térmica que emita un agujero negro con tal temperatura quedaría completamente ahogada por el fondo general de radiaciones del universo. Por otro lado, un agujero negro con una masa de tan solo 1 000 millones de toneladas, es decir, un agujero negro primordial del tamaño aproximado de un protón, alcanzaría una temperatura de unos 120 000 millones de grados Kelvin, que corresponde a una energía de unos 10 millones de electrón voltios. A semejante temperatura, un agujero negro sería capaz de crear pares de electrón-positrón y partículas de masa cero, como fotones, neutrinos y gravitones (los presuntos portadores de la energía gravitatoria). Un agujero negro primordial liberaría energía al ritmo de 6 000 megavatios, equivalente a la producción de seis grandes centrales nucleares.

A medida que un agujero negro emite partículas, disminuyen constantemente su masa y su tamaño, lo que facilita la escapada de más partículas y así la emisión proseguirá a un ritmo siempre creciente hasta que el agujero negro acabe por desaparecer. A largo plazo, cada agujero negro del universo se extinguirá de ese modo, pero en lo que se refiere a los grandes agujeros negros, el tiempo será desde luego muy largo: uno que tenga la masa del Sol durará unos 10^{66} años. Por otro lado, un agujero negro primordial debería de haber desaparecido casi por completo en los 10 000 millones de años transcurridos desde el Big Bang, el comienzo del universo tal como lo conocemos. Esos agujeros negros deben de emitir ahora intensas radiaciones gamma con una energía de unos cien millones de electrón voltios.

Los cálculos efectuados por Don N. Page, del Instituto de Tecnología de California, y por mí, basados en mediciones del fondo cósmico de la radiación gamma, que realizó el satélite SAS-2, muestran que la densidad media de los agujeros negros primordiales del universo debe ser inferior a doscientos por años luz cúbico. La densidad local de nuestra galaxia podría ser un millón de veces superior a esta cifra, si los agujeros negros estuvieran concentrados en el *halo* de galaxias, la tenue nube de estrellas en movimiento rápido que envuelve a cada galaxia, en vez de hallarse distribuidos uniformemente por todo el universo. Eso significaría que el agujero negro primordial más próximo a la Tierra se hallaría probablemente a una distancia no inferior a la que nos separa de Plutón.

La etapa final de la desaparición de un agujero negro puede desarrollarse con tal rapidez que acabaría en una tremenda explosión. La intensidad de esta dependerá del número de especies diferentes de partículas elementales que contenga. Si, como se cree ampliamente, todas las partículas se hallan constituidas por hasta seis variedades distintas de *quarks*, la explosión final tendría una energía equivalente a la de unos 10 millones de bombas de hidrógeno de un megatón. Por otro lado, una teoría alternativa formulada por R. Hagedorn, del Consejo Europeo para la Investigación Nuclear, afirma que existe un número infinito de partículas de masa cada vez mayor. A medida que un agujero negro se empequeñezca y caliente, emitirá un número cada vez más grande de diferentes especies de partículas y producirá una explosión quizá 100 000 veces más potente que la calculada conforme a la hipótesis de los *quarks*. De ahí que la observación de la explosión de un agujero negro proporcionaría a la física de partículas elementales una información importantísima, que, tal vez, no sea accesible de otro modo.

La explosión de un agujero negro produciría una enorme efusión de rayos gamma de gran energía. Aunque pueden ser observados por detectores de rayos gamma instalados en satélites o globos, resultaría difícil lanzar al espacio un detector suficientemente grande para registrar un cambio razonable en la intercepción de un número significativo de fotones de rayos gamma emanados de una explosión. Cabría la posibilidad de emplear una lanzadera espacial para construir en órbita un gran detector de rayos gamma. Alternativa mucho más fácil y barata sería dejar que la atmósfera superior de la Tierra operase como detector. Una radiación gamma de gran energía que penetrase en la atmósfera crearía una lluvia de pares de electrón-positrón, los cuales, inicialmente, se desplazarían por la atmósfera más rápidos que la luz. (Esta pierde velocidad en sus interacciones con las moléculas de aire). Así, electrones y positrones crearían en el campo electromagnético una especie de estampido sónico u onda de choque, denominada *radiación Cerenkov*, que podría ser detectada desde la superficie terrestre como un relámpago de luz visible.

Un experimento preliminar de Neil A. Porter y Trevor C. Weekes, del University College de Dublín, indica que si los agujeros negros estallan del modo que predice la teoría de Hagedorn, se producen cada siglo en nuestra región de la galaxia menos de dos explosiones de agujeros negros por año luz cúbico, lo que supondría que la densidad de agujeros negros primordiales es inferior a cien millones por año luz cúbico. Debería ser posible incrementar considerablemente la precisión de tales observaciones, que serían muy valiosas, aunque no arrojen ningún testimonio positivo sobre los agujeros negros primordiales. Al fijar un bajo límite superior a la densidad de tales agujeros negros, las observaciones indicarían que el universo primitivo tuvo que ser muy terso y carecer de turbulencias.

El Big Bang se asemeja a la explosión de un agujero negro, pero en una escala muchísimo mayor. Por ello cabe esperar que una comprensión del modo en que crean partículas los agujeros negros conduzcan a una comprensión similar a la manera en que el Big Bang creó todo el universo. En un agujero negro la materia se contrae y desaparece para siempre, pero en su lugar se crea nueva materia. Así, puede que existiera una fase previa del universo en que la materia se contrajo para ser recreada en el Big Bang.

Si la materia que se contrae para formar un agujero negro posee una carga eléctrica básica, el agujero negro resultante poseerá la misma carga. Eso significa que tenderá a atraer a aquellos miembros de los pares virtuales de partícula-antipartícula que tengan la carga opuesta y a repeler a los de la misma carga. Por ese motivo, el agujero negro emitirá preferentemente partículas con carga de su mismo signo y así perderá rápidamente su carga. De manera similar, si la materia se contrajo, posee un momento angular básico, el agujero negro resultante girará y emitirá preferentemente partículas que transmitan su momento angular. La razón de que un agujero negro "recuerde" la carga eléctrica, el momento angular y la masa de la materia que se contrajo y "olvide" todo lo demás, es que estas tres cantidades se hallan emparejadas a campos de largo alcance, en el caso de la carga, al campo electromagnético, y en el del momento angular y de la masa, al campo gravitatorio.

Los experimentos realizados por Robert H. Dicke de la Universidad de Princeton, y Vladimir Braginsky, de la Universidad de Moscú, indican que no existe campo de largo alcance asociado con la propiedad cuántica denominada *número barión*. (Los bariones forman la clase de partículas en las que se incluyen el protón y el neutrón). De ahí que un agujero negro constituido por el colapso de una colección de bariones olvidaría su número barión e irradiaría cantidades iguales de bariones y de antibariones. Por ello, al desaparecer el agujero negro, transgrediría una de las leyes más apreciadas de la física de partículas, la ley de conservación del barión.

Aunque la hipótesis de Bekenstein, de que los agujeros negros poseen una entropía finita, requiere, para ser consecuente, que tales agujeros irradien térmicamente, al principio parece un completo milagro que los minuciosos cálculos cuántico-mecánicos de la creación de partículas susciten una emisión con espectro térmico. La explicación es que las partículas emitidas escapan del agujero negro, de una región de la que el observador exterior no conoce más que su masa, su momento angular y su carga eléctrica. Eso significa que son igualmente probables todas las combinaciones o configuraciones de partículas emitidas que tengan energía, momento angular y carga eléctrica iguales. Desde luego es posible que el agujero negro pudiera emitir un televisor o las obras de Proust en diez volúmenes encuadernados en cuero, pero es ínfimo el número de configuraciones de partículas que corresponden a esas exóticas posibilidades. El número mayor de configuraciones corresponde, con mucho, a una emisión con su espectro que es casi térmico.

La emisión desde los agujeros negros posee un grado adicional de indeterminación o de imposibilidad de predicción por encima del normalmente asociado con la mecánica cuántica. En la mecánica clásica cabe predecir los resultados de una medición de la posición y de la velocidad de una partícula. En la mecánica cuántica el principio de indeterminación señala que solo es posible predecir una de esas medidas; el observador puede predecir el resultado de medir la posición o la velocidad, pero no ambas. Alternativamente, será capaz de predecir el resultado de medir una combinación de la posición y de la velocidad. Así, la capacidad del observador para hacer predicciones definidas se halla, en efecto, reducida a la mitad. La situación es aún peor con los agujeros negros. Como las partículas emitidas por un agujero negro proceden de una región de la que el observador tiene un conocimiento muy limitado, no puede predecir definidamente la posición o la velocidad de una partícula o cualquier combinación de las dos; todo lo que cabe predecir son las probabilidades de que serán emitidas ciertas partículas. Parece que Einstein erró por partida doble cuando dijo que Dios no juega a los dados. La consideración de la emisión de partículas de los agujeros negros denotaría que Dios no solo juega a los dados, sino que los lanza a veces donde no pueden ser vistos.

ONCE

AGUJEROS NEGROS
Y PEQUEÑOS UNIVERSOS[13]

La caída en un agujero negro se ha convertido en uno de los horrores de la ciencia ficción. De hecho, puede afirmarse que los agujeros negros son realmente materia de la ciencia más que de la ciencia ficción. Como explicaré, hay buenas razones para predecir la existencia de los agujeros negros; los testimonios de las observaciones apuntan inequívocamente a la presencia de cierto número de agujeros negros en nuestra propia galaxia y de más en otras.

Cuando verdaderamente trabajan de firme los escritores de ciencia ficción es a la hora de narrar lo que sucede al que cae en un agujero negro. Una afirmación corriente es la de que, si el agujero negro gira, uno puede precipitarse por un pequeño orificio en el espacio-tiempo y salir a otra región del universo. Esto suscita obviamente grandes posibilidades para el viaje espacial. Necesitamos

---

13. Conferencia Hitchcock, pronunciada en la Universidad de California, en Berkeley, en abril de 1988.

algo semejante para dirigirnos en el futuro hacia otras estrellas y con más razón si pretendemos ir a otras galaxias. El hecho de que nada pueda viajar a mayor velocidad que la de la luz significa que el viaje de ida y vuelta a la estrella más próxima exigiría al menos ocho años. ¡Demasiado para pasar un fin de semana en Alfa Centauro! Por otro lado, si uno consigue entrar por un agujero negro, podría reaparecer en cualquier lugar del universo. Sin embargo no está muy claro el medio de elegir destino; es posible elegir disfrutar unas vacaciones en Virgo y acabar en la nebulosa del Cangrejo.

Lamento decepcionar a los aspirantes al turismo galáctico, pero este guion no funciona: si uno penetra en un agujero negro, acabará aplastado y desintegrado. A pesar de ello, tiene sentido decir que las partículas que constituyen su cuerpo pasarán a otro universo, pero no creo que a quien acabe convertido en espagueti en un agujero negro le sirva de consuelo saber que sus partículas pueden sobrevivir.

Al margen de bromas, este trabajo está basado en ciencia sólida. En la mayoría de lo que aquí digo coinciden otros científicos que investigan en este campo, aunque su aceptación sea bastante reciente. Sin embargo, la última parte del trabajo está basada en indagaciones de última hora sobre las que no es general el consenso, pero han suscitado un interés considerable.

Aunque el concepto de lo que ahora denominamos *agujero negro* fue introducido hace más de doscientos años, el nombre data solo de 1967 y su autor fue el físico norteamericano John Wheeler. Constituyó un golpe de genio, que garantizó la entrada de los agujeros negros en la mitología de la ciencia ficción. Además estimuló la investigación científica al proporcionar un término definido a algo que carecía de un título satisfactorio. No conviene subestimar la importancia que en el ámbito científico cobra un buen nombre.

Por lo que conozco, el primero en referirse a los agujeros negros fue alguien en Cambridge llamado John Michell, que redactó un trabajo sobre este asunto en 1783. Su idea era esta: supongamos que disparamos verticalmente una granada de cañón desde la superficie terrestre, a medida que se remonte, disminuirá su velocidad por efecto de la gravedad, acabando por interrumpir su ascensión y retornar a la superficie, pero, si supera una cierta velocidad crítica, jamás dejará de ascender para caer, sino que continuará alejándose. Esta velocidad crítica recibe el nombre de *velocidad de escape*. Es de unos 11.2 km/s en la Tierra y de unos 160 km/s en el Sol. Ambas velocidades son superiores a la velocidad de una auténtica granada de cañón, pero muy inferiores a la velocidad de la luz, que es de 300 000 km/s. Eso significa que la gravedad no ejerce gran efecto sobre la luz, que puede escapar sin dificultad de la Tierra o del Sol. Pero Michell razonó que sería posible la existencia de una estrella con masa suficientemente grande y tamaño suficientemente pequeño para que su velocidad de escape fuera superior a la de la luz. No conseguiríamos ver semejante estrella, porque no nos llegaría la luz de su superficie; quedaría retenida por el campo gravitatorio del astro. Sin embargo, podemos detectar la presencia de la estrella por el efecto que su campo gravitatorio ejerza en la materia próxima.

No es realmente consecuente tratar a la luz como granadas de cañón. Según un experimento llevado a cabo en 1897, la luz viaja siempre a la misma velocidad constante. ¿Cómo, entonces, puede reducirla la gravedad? Hasta 1915, cuando Einstein formuló la teoría general de la relatividad, no se dispuso de una explicación consistente del modo en que la gravedad afecta a la luz y hasta la década de 1960 no se entendieron generalmente las inferencias de esta teoría para estrellas viejas y otros astros enormes.

Según la relatividad general, cabe considerar el espacio y el tiempo juntos como integrantes de un espacio cuatridimensional denominado *espacio-tiempo*. Este espacio no es plano; se halla distorsionado o curvado por la materia y la energía que contiene. Observamos esta curvatura en el combado de las ondas luminosas o de radio que pasan cerca del Sol en su viaje hacia nosotros. En el caso de la luz que pasa próxima al Sol, la curvatura es muy pequeña. Pero si este se contrajera hasta solo un diámetro de unos pocos kilómetros, la curvatura sería tan grande que la luz no podría escapar y se quedaría retenida por el campo gravitatorio del Sol. Según la teoría de la relatividad, nada puede desplazarse a velocidad superior a la de la luz, así que existiría allí una región de la que nada puede escapar. Esta región recibe el nombre de *agujero negro*. Su frontera es el *horizonte de sucesos* y está formado por la luz que no consigue escapar y que permanece en el borde.

Puede que parezca ridículo enunciar la posibilidad de que el Sol se contraiga hasta tener solo un diámetro de unos cuantos kilómetros, cabe pensar que no es posible una contracción tal de la materia, pero resulta que sí puede serlo.

El Sol posee su tamaño actual porque está muy caliente. Consume hidrógeno para transformarlo en helio, como una bomba H bajo control. El calor liberado en este proceso genera una presión que permite al Sol resistir la atracción de su propia gravedad, que trata de empequeñecerlo.

Con el tiempo, el Sol agotará su combustible nuclear, lo que sucederá hasta dentro de 5 000 millones de años, así que no hay que apresurarse a reservar boleto para un vuelo con destino a otra estrella. Astros más grandes que el Sol quemarán su combustible con una rapidez mucho mayor y cuando lo consuman empezarán a perder calor y a contraerse; si su tamaño es inferior a dos veces la masa del Sol, acabarán por dejar de contraerse y alcanzarán un estado estable; uno de tales estados es el llamado de *enana blanca*, estrellas que poseen un radio de unos miles de kilómetros y una densidad de centenares de toneladas por centímetro cúbico. Otro de tales estados es el de la *estrella de neutrones*, cuyo radio es de unos 15 kilómetros y su densidad de millones de toneladas por centímetro cúbico.

Conocemos numerosas enanas blancas en nuestro sector de la galaxia. Las estrellas de neutrones fueron observadas hasta 1967, cuando Jocelyn Bell y Antony Hewich en Cambridge descubrieron unos objetos denominados *púlsares* que emitían vibraciones regulares de ondas de radio. Al principio se preguntaron si habrían establecido contacto con una civilización alienígena. Recuerdo que la sala en que anunciaron su hallazgo estaba decorada con figuras de hombrecitos verdes. Al final, ellos y todos los demás llegaron a la conclusión menos romántica de que esos objetos eran estrellas de neutrones en rotación, lo cual constituyó una noticia para los autores de *westerns* espaciales y también una buena información para los pocos que entonces creíamos en los agujeros negros. Si algunas estrellas podían contraerse hasta tener un diámetro de 20 o 30 kilómetros y convertirse en estrellas de neutrones, cabía esperar que otras se contrajeran aún más para convertirse en agujeros negros.

Una estrella cuya masa sea superior dos veces a la del Sol no puede acabar en enana blanca o en estrella de neutrones; en algunos casos estallará y arrojará materia suficiente para que su masa llegue a ser inferior al límite, pero no siempre sucederá así. Algunas estrellas se volverán tan pequeñas que sus campos gravitatorios curvarán la luz hasta el punto de que esta retorne hacia la estrella. Ni la luz ni ninguna otra cosa podrá escapar de allí. Esas estrellas se convertirán en agujeros negros.

Las leyes de la física son simétricas en el tiempo; en consecuencia, si existen objetos llamados agujeros negros donde caen cosas que no pueden salir, ha de haber otros objetos de donde las cosas puedan salir pero no caer. Cabría denominarlos *agujeros blancos*. Se podría imaginar la posibilidad de saltar a un agujero negro en un lugar para salir en otro por un agujero blanco; sería el método ideal de viaje espacial a larga distancia antes mencionado. Todo lo que se necesitaría sería hallar cerca un agujero negro. Tal forma de viaje pareció factible en un primer momento. Hay soluciones de la teoría general de la relatividad de Einstein en las que se puede caer en un agujero negro y salir por un agujero blanco, pero investigaciones ulteriores mostraron que estas soluciones eran muy inestables; una mínima perturbación, como la presencia de una nave espacial, destruiría la *gatera* o conducto desde el agujero negro al blanco. La nave espacial quedaría destrozada por fuerzas de una magnitud infinita. Sería como cruzar en un barril las cataratas del Niágara.

Tras esto parece no haber esperanza. Los agujeros negros serían útiles para desembarazarse de la basura o incluso de algún amigo, solo que constituyen un "país de irás y no volverás". Lo dicho hasta aquí se basa, sin embargo, en cálculos referidos a la teoría general de la relatividad de Einstein, que concuerda con todas las observaciones efectuadas, aunque sabemos que no puede ser del todo cierto porque no incorpora el *principio de indeterminación* de la mecánica cuántica. Este principio afirma la imposibilidad de que las partículas tengan simultáneamente una posición con que se mida la posición de una partícula, tanto menor será la precisión con que quepa medir la velocidad y viceversa.

En 1973 comencé a investigar qué diferencia supondría el principio de indeterminación en los agujeros negros. Con gran sorpresa por parte de todos y mía propia descubrí que significaba que los agujeros negros no lo son completamente, sino que emitirían radiaciones y partículas con un ritmo constante. Mis resultados suscitaron la incredulidad general cuando los anuncié cerca de Oxford durante una conferencia. El presidente del acto declaró que eran absurdos y escribió un trabajo afirmándolo. Cuando otros repitieron mis cálculos, hallaron el mismo efecto y, al final, el presidente hubo de admitir que yo estaba en lo cierto.

¿Cómo pueden escapar radiaciones del campo gravitatorio de un agujero negro? Hay diversos modos de entenderlo, y aunque parecen muy diferentes, en realidad, todos son equivalentes. Uno consiste en advertir que en distancias cortas, el principio de indeterminación permite que las partículas se desplacen a una velocidad superior a la de la luz. Así, partículas y radiación pueden atravesar el horizonte de sucesos y escapar del agujero negro. Es posible que salgan cosas de allí, aunque lo que regrese de un agujero negro será diferente de lo que cayó. Solo la energía será la misma.

A medida que un agujero negro emita partículas y radiación perderá masa, lo que provocará que se empequeñezca y lance partículas más rápidamente. Con el tiempo su masa llegará a ser cero y desaparecerá por completo. ¿Qué les sucederá a los objetos, incluyendo posibles naves espaciales, que hubieran caído en el agujero negro? Según algunas de mis recientes investigaciones, la respuesta es que irán a parar a un pequeño universo propio. Un universo diminuto y encerrado en sí mismo, que se separe de nuestra región del universo. Este pequeño universo puede unirse de nuevo a nuestra región del espacio-tiempo. De ser así, se nos presentará como otro agujero negro que se constituyó y luego desapareció. Partículas caídas en un agujero negro aparecerán como partículas emitidas por el otro agujero negro y viceversa.

Esto parece justamente lo que se necesitaba para que fuese posible el viaje espacial a través de los agujeros negros. Uno conduce simplemente su nave espacial hacia el agujero negro que se le antoje (convendría que fuese grande para que las fuerzas gravitatorias no lo hiciesen papilla antes de entrar), el interesado espera reaparecer en algún otro agujero, aunque no podrá elegir dónde.

Este sistema de transporte intergaláctico ofrece un serio inconveniente: los pequeños universos a donde llegan las partículas del agujero corresponden al llamado *tiempo imaginario*. En tiempo real, un astronauta que cayera en un agujero negro tendría un desagradable final: quedaría desgarrado por la diferencia entre las fuerzas gravitatorias sobre su cabeza y sus pies, ni siquiera sobrevivirían las partículas que constituyeron su cuerpo. Sus historias, en tiempo real, concluirían en una singularidad, pero en el tiempo imaginario proseguirían las historias de las partículas, que pasarían al pequeño universo y remergerían como partículas emitidas por otro agujero negro. En cierto sentido, el astronauta sería transportado a otra región del universo, aunque las partículas que emergieran no se asemejarían gran cosa al astronauta; tampoco podría servirle de mucho consuelo saber que sus partículas sobrevivirán en tiempo imaginario puesto que penetró en la singularidad en tiempo real. Cualquiera que caiga en un agujero negro debe atenerse al siguiente lema: "Piensa en lo imaginario".

¿Qué es lo que determina en dónde remergerán las partículas? El número de partículas en el pequeño universo será igual al número de las que cayeron por el agujero negro más las que este emita durante su disolución. Eso significa que las partículas caídas en un agujero negro saldrán por otro de la misma masa aproximada. Cabe así tratar de seleccionar por dónde saldrán las partículas si se crea un agujero negro de la misma masa que aquel en que cayeron las partículas. Igualmente probable sería que el agujero negro expulsara cualquier otra serie de partículas con la misma energía total, y aunque emitiera el mismo tipo de partículas, nadie podría decir si se trataba de las que cayeron por el otro agujero. Las partículas no llevan tarjeta de identidad: todas las de un determinado tipo parecen iguales.

Lo anterior significa la improbabilidad de que resulte factible alguna vez el viaje a través de un agujero negro. En primer lugar, se tendría que ir viajando por el tiempo imaginario, sin preocuparse del terrible final que su historia pudiera tener en tiempo real. En segundo lugar, no cabría elegir el punto de destino. Sería como viajar en algunas compañías de líneas aéreas, que yo podría mencionar.

Aunque los pequeños universos no resulten muy útiles para los viajes espaciales, tienen consecuencias importantes para la tentativa de hallar una teoría unificada completa que describa la totalidad del universo. Nuestras teorías actuales contienen cierto número de cantidades, como el tamaño de la carga eléctrica de una partícula, que no pueden predecir los valores de esas cantidades, aunque la mayoría de los científicos cree que hay alguna teoría unificada subyacente capaz de predecir todos esos valores.

Es muy posible que exista esa teoría subyacente. La candidata mejor colocada por el momento recibe el nombre de *supercuerda-heterótica*. La idea es que el espacio-tiempo está lleno de lacitos, como cabos de hilo. Las que concebimos como partículas elementales son, en realidad, esos lacitos que vibran de modos diferentes. Esta teoría no contiene números cuyos valores puedan ser adaptados. Cabría esperar que la teoría unificada fuese capaz de predecir todos los valores de las cantidades, como la carga eléctrica de una partícula, que quedan indeterminados conforme a nuestras teorías presentes. Aunque no hayamos podido predecir ninguna de esas cantidades a partir de la teoría de la supercuerda, muchos creen que llegaremos a conseguirlo.

De ser correcta la imagen de los pequeños universos, nuestra capacidad para predecir tales cantidades se verá reducida, ya que no podemos observar cuántos pequeños universos hay por ahí afuera aguardando reunirse con nuestra región del universo. Es posible que existan pequeños universos con solo unas cuantas partículas, pero serían tan reducidos que nadie advertiría su unión ni su separación. Sin embargo, al integrarse, alterarán los valores aparentes de cantidades tales como la carga eléctrica de una partícula y, en consecuencia, no conseguiremos predecir cuáles serán los valores aparentes de esas cantidades, porque ignoramos cuántos pequeños universos hay aguardando ahí afuera. Puede que haya una explosión de la población de pequeños universos. A diferencia del caso humano, no parecen existir factores limitadores como la oferta de alimentos o el espacio habitable. Los pequeños universos existen en su propio terreno. Es un poco como preguntar cuántos ángeles pueden danzar en la cabeza de un alfiler.

En la mayoría de las cantidades, los pequeños universos parecen introducir en los valores predichos un volumen definido, aunque reducido, de indeterminación, pero que pueden proporcionar una explicación del valor observado de una cantidad importantísima, la llamada *constante cosmológica*. Este es en las ecuaciones de la relatividad general un término que proporciona al espacio-tiempo una tendencia integrada a expandirse o contraerse. Originariamente, Einstein propuso una pequeñísima constante cosmológica con la esperanza de equilibrar la tendencia de la materia a hacer que se contrajera el universo. Esa motivación desapareció cuando se descubrió que el universo se expandía. Pero no resultó fácil desembarazarse de la constante cosmológica. Cabía esperar que las fluctuaciones implícitas en la mecánica cuántica arrojasen una constante cosmológica que fuese muy grande. Sin embargo, podemos observar cómo la expansión del universo varía con el tiempo y determinar, así, que es muy pequeña la constante cosmológica. Hasta ahora no existe una buena explicación de la razón de que sea tan reducido el valor observado. Pero la separación y reunión de los pequeños universos afectará el valor aparente de la constante cosmológica. Como no sabemos cuántos pequeños universos hay, existirán diferentes valores posibles de la constante cosmológica aparente. Sin embargo, un valor próximo a cero será, cuando mucho, el más probable. Esto es positivo, ya que el universo solo resultará adecuado para seres como nosotros si el valor de la constante cosmológica es muy pequeño.

En resumen: parece que pueden caer partículas en agujeros negros que luego se desvanezcan y desaparezcan de nuestra región del universo. Las partículas parten hacia pequeños universos que se separan del nuestro. Es posible que esos universos se reintegren en algún otro punto. Quizá no sirvan gran cosa para los viajes espaciales, pero su presencia significa que seremos capaces de predecir menos de lo que esperábamos, incluso aunque encontremos una teoría unificada completa. Por otro lado, ahora podemos proporcionar explicaciones acerca de los valores medidos de algunas cantidades como la constante cosmológica. En los últimos años, varios investigadores han comenzado a estudiar los pequeños universos. No creo que nadie se haga rico patentándolos como un modo de viaje espacial, pero se han convertido en un campo muy interesante de investigación.

DOCE

¿SE HALLA TODO DETERMINADO?[14]

En *Julio César*, la tragedia de Shakespeare, Casio le dice a Bruto: "Los hombres son a veces dueños de su destino". ¿Somos realmente dueños de nuestro destino? ¿O está ya determinado y preordenado todo lo que hacemos? El argumento en pro de la predeterminación solía señalar que Dios es omnipotente y se halla al margen del tiempo, de modo que sabe lo que va a suceder. ¿Cómo podemos tener entonces libre albedrío? ¿Cómo es posible, de no tenerlo, que seamos responsables de nuestras acciones? No podría ser culpable quien atracase un banco si estuviera predeterminado que lo haría. ¿Por qué castigarle?

Recientemente, la argumentación a favor del determinismo se ha basado en la ciencia. Parece que existen leyes bien definidas que gobiernan cómo se desarrollan en el tiempo, el universo y todo lo que contiene. Aunque aún no hayamos encontrado la forma exacta de todas estas leyes, conocemos lo suficiente para deter-

---

14. Seminario del Sigma Club en la Universidad de Cambridge, abril de 1990.

minar lo que sucede casi hasta en las situaciones más extremadas. Es discutible si en un futuro relativamente cercano encontraremos las leyes que nos faltan. Soy optimista: creo que hay una probabilidad del 50% de que las hallaremos en los próximos veinte años; aunque no fuera así, en nada afectará a la argumentación. Lo que importa es que tiene que existir una serie de leyes que determinen por completo la evolución del universo a partir de su estado inicial. Estas leyes pueden haber sido ordenadas por Dios, aunque parece que Él (o Ella) no interviene en el universo para transgredir las leyes.

Es posible que Dios escogiese la configuración inicial del universo o que este se haya determinado a sí mismo por las leyes de la ciencia. En cualquier caso, parece que todo lo que contiene el universo estaría entonces determinado por evolución conforme a las leyes de la ciencia. Es, pues, difícil entender cómo podemos ser dueños de nuestro destino.

La idea de la existencia de una gran teoría unificada que determine todo lo que hay en el universo suscita muchas dificultades. La primera de todas es que la gran teoría unificada será presumiblemente compacta e ingeniosa en términos matemáticos. Tiene que haber algo de especial y de simple en una teoría de todo. ¿Cómo es posible, sin embargo, que determinado número de ecuaciones expliquen la complejidad y todos los detalles triviales que advertimos en torno de nosotros? ¿Puede uno creer verdaderamente que la gran teoría unificada determinó que Sinead O'Connor estuviera esta semana a la cabeza de la lista de éxitos y que Madonna apareciese en la portada de *Cosmopolitan*?

Un segundo problema planteado por la idea de que todo se halla determinado por una gran teoría unificada es que cualquier cosa que digamos estará también determinada por la teoría. ¿Y por qué iba a estar determinado que fuese verdadera? ¿No es más probable que fuese errónea puesto que hay muchas declaraciones incorrectas posibles por cada una cierta? Cada semana recibo por correo diversas teorías que me envía la gente. Todas son distintas y la mayoría resultan inconsecuentes; presumiblemente, la gran teoría unificada determinó que los autores pensaran que eran correctas. ¿Por qué, entonces, ha de tener mayor validez cualquier cosa que yo diga? ¿No estoy igualmente determinado por la gran teoría unificada?

Un tercer problema que plantea la idea de que todo se halla determinado es que sentimos que poseemos libre albedrío, que tenemos libertad para decidir si hacemos una cosa o no la hacemos. Mas, si todo está determinado por las leyes de la ciencia, entonces el libre albedrío tiene que ser una ilusión. ¿Y cuál es la base de la responsabilidad de nuestras acciones si carecemos de libre albedrío? No castigamos a quienes cometen delitos cuando están locos, porque consideramos que no pudieron evitarlo. Pero si todos estamos determinados por una gran teoría unificada, ninguno puede evitar lo que hace. ¿Por qué, pues, responsabilizar a alguien de lo que haya hecho?

Estos problemas del determinismo han sido materia de discusión durante siglos. El debate resultará un tanto académico mientras distemos de poseer un conocimiento completo de las leyes de la ciencia e ignoremos cómo fue determinado el estado inicial del universo. Sin embargo, los problemas son ahora más apremiantes porque existe la posibilidad de que en unos veinte años encontremos una teoría completa unificada. Y entendemos que el estado inicial puede hallarse en sí mismo determinado por las leyes de la ciencia. Lo que a continuación sigue constituye una tentativa personal de abordar estos problemas. No pretende ser muy original ni profundo, pero hago lo que mejor puedo en este momento.

Empezando con el primer problema: ¿cómo puede una teoría relativamente simple y compacta suscitar un universo de la complejidad que observamos, con todos sus detalles triviales y carentes de importancia? La clave reside en el *principio de indeterminación* de la mecánica cuántica, que declara que no es posible medir juntamente y con gran precisión tanto la posición como la velocidad de una partícula; cuanto más exactamente mide uno la posición, menos exactamente puede medir la velocidad y viceversa. Esta indeterminación no es tan importante en el momento presente, cuando las cosas se hallan tan separadas que una pequeña indeterminación en la posición no supone una gran diferencia. Pero en el universo muy primitivo todo estaba muy próximo, así que la indeterminación era muy considerable y el universo presentaba diversos estados posibles. Estos habrían evolucionado hasta constituir toda una familia de diferentes historias del universo. En sus características a gran escala, la mayoría de estas historias serían semejantes y corresponderían a un universo uniforme y terso, que se hallara en expansión, pero diferirían en detalles como la distribución de las estrellas y, aún más, en las portadas de las revistas (si esas historias contenían revistas). La complejidad del universo que nos rodea y sus detalles surgieron, pues, del principio de indeterminación en las etapas primitivas, lo que proporciona al universo toda una familia de historias posibles. Existiría una historia donde los nazis ganaron la Segunda Guerra Mundial, aunque su probabilidad sea baja, pues resulta que nosotros vivimos en una historia donde los aliados ganaron la guerra y Madonna apareció en la portada de *Cosmopolitan*.

Veamos el segundo problema: si lo que hacemos se halla determinado por alguna gran teoría unificada, ¿por qué debe determinar que extraigamos acerca del universo las conclusiones certeras en vez de las erróneas? ¿Por qué ha de tener alguna validez cualquier cosa que digamos? Mi respuesta está basada en la idea de Darwin sobre la selección natural. Supongo que en la Tierra, por obra de unas combinaciones aleatorias de átomos, surgió espontáneamente una forma de vida muy primitiva. Probablemente esta primera forma de vida era una molécula grande, pero es posible que no se tratase de ADN, puesto que es muy reducida la probabilidad de constitución de toda una molécula de ADN por combinaciones aleatorias.

La primitiva forma de vida se reproduciría. El principio cuántico de determinación y los movimientos térmicos aleatorios de los átomos indican que tuvo que existir un cierto número de errores en la reproducción; la mayoría serían fatales para la supervivencia del organismo o para su capacidad de reproducción y no se transmitirían a generaciones futuras sino que se extinguirían; por puro azar, unos cuantos resultarían beneficiosos, sería mayor la probabilidad de supervivencia y reproducción de los organismos con esos errores. Así, tenderían a remplazar a los organismos originales e imperfectos.

El desarrollo de la estructura en doble hélice del ADN puede haber sido uno de esos perfeccionamientos de las primeras etapas. Probablemente se trató de un progreso tal que remplazó por completo a cualquier forma previa de vida, fuera cual fuese. A medida que progresaba la evolución conduciría al desarrollo del sistema nervioso central. Los seres que reconocieran acertadamente las consecuencias de los datos recogidos por sus órganos de los sentidos que adoptasen las acciones adecuadas tendrían más probabilidades de sobrevivir y reproducirse. La raza humana avanzó por este camino hasta otra etapa. Somos muy semejantes a los simios superiores, tanto en nuestros cuerpos como en el ADN, pero una ligera variación de nuestro ADN nos permitió desarrollar el lenguaje. Eso significó poder transmitir la información y la experiencia acumulada de una generación a otra, de forma oral y escrita. Hasta entonces solo era posible transmitir los resultados de la experiencia mediante el lento proceso de su codificación en el ADN a través de errores aleatorios en la reproducción. El efecto fue una aceleración espectacular de la evolución. Necesitó más de 3 000 millones de años para llegar a la raza humana; durante los últimos 10 000 hemos desarrollado el lenguaje escrito que nos permitió progresar desde los trogloditas hasta el punto en que podemos preguntarnos por la teoría definitiva del universo.

En los últimos 10 000 años no ha habido una evolución biológica significativa o un cambio en el ADN humano. Así pues, nuestra inteligencia, nuestra capacidad para extraer las conclusiones correctas de la información proporcionada por los órganos de los sentidos, tiene que remontarse a los días de las cavernas o aún más allá y habría quedado seleccionada sobre la base de nuestra capacidad para matar a ciertos animales con que alimentarnos y para evitar que otros animales nos mataran. Resulta notable que cualidades mentales seleccionadas para estos propósitos nos mantengan en tan buena forma en circunstancias muy diferentes como son las de la época actual. El descubrimiento de una gran teoría unificada o las respuestas a los interrogantes del determinismo no significarían probablemente una gran ventaja en lo que se refiere a la supervivencia. Sin embargo, la inteligencia que hemos desarrollado muy bien para otros fines puede garantizarnos el hallazgo de las respuestas adecuadas a esas preguntas.

Paso al tercer problema, la cuestión del libre albedrío y de la responsabilidad sobre nuestras acciones. Consideramos subjetivamente que tenemos capacidad para elegir qué somos y lo que hacemos, pero puede que esta solo sea una ilusión. Algunas personas se creen Jesucristo o Napoleón, mas no cabe aceptar que estén en lo cierto. Lo que necesitamos es una prueba objetiva que podamos aplicar desde fuera para distinguir si un organismo tiene libre albedrío. Supongamos, por ejemplo, que nos visita un hombrecillo verde de otra estrella. ¿Cómo conseguiríamos decidir si poseía libre albedrío o se trataba simplemente de un robot programado para responder como si fuera semejante a nosotros?

Esta parece la prueba objetiva última de libre albedrío: ¿es posible predecir la conducta del organismo? En caso afirmativo, claramente no posee libre albedrío sino que está predeterminado y si no cabe predecir la conducta, podemos adoptar como definición operativa que el organismo tiene libre albedrío.

Sería posible poner reparos a esta definición del libre albedrío sobre la base de que una vez que hallemos una teoría unificada completa podremos predecir lo que vaya a hacer la gente. Pero el cerebro humano se halla también sometido al principio de indeterminación. Así pues, existe en la conducta humana un elemento de aleatoriedad asociado con la mecánica cuántica, mas las energías que intervienen en el cerebro son bajas y, por tanto, la indeterminación de la mecánica cuántica ejerce solo un efecto pequeño. La auténtica razón de que no podamos predecir la conducta humana es que en realidad resulta demasiado difícil. Ya conocemos las leyes físicas básicas que gobiernan la actividad cerebral y son comparativamente simples, pero es bastante difícil resolver las ecuaciones cuando intervienen más de unas cuantas partículas. Incluso en la teoría newtoniana de la gravedad, más sencilla, solo es posible resolver exactamente las ecuaciones en el caso de dos partículas. Cuando se trata de tres o más hay que recurrir a aproximaciones y la dificultad aumenta rápidamente con el número de partículas. El cerebro humano contiene 10^{26}, o cien cuatrillones, que son demasiadas para que podamos ser capaces de resolver las ecuaciones y predecir cómo se comportará, habida cuenta de su estado inicial y de los datos de los nervios que llegan hasta el cerebro. De hecho, ni siquiera podemos medir cuál fue su estado inicial, porque para lograrlo tendríamos que desintegrarlo. Aun estando preparados para hacerlo, serían demasiadas las partículas que deberíamos considerar, además, el cerebro es muy sensible al estado inicial; un pequeño cambio en tal estado puede significar una diferencia muy grande en la conducta subsiguiente. Aunque conocemos las ecuaciones fundamentales que gobiernan el cerebro, somos completamente incapaces de emplearlas para predecir la conducta humana.

Esta situación se plantea en ciencia siempre que abordamos un sistema macroscópico, porque el número de partículas resulta demasiado grande para que exista alguna probabilidad de resolver las ecuaciones fundamentales. Lo que hacemos en realidad es emplear teorías operativas. Se trata de aproximaciones en las que un número muy grande de partículas son remplazadas por unas cuantas. Un ejemplo es la mecánica de los fluidos. Un líquido como el agua está constituido por billones de billones de moléculas, a su vez formadas por electrones, protones y neutrones; sin embargo, es una buena aproximación tratar el líquido como un medio continuo, caracterizado simplemente por su velocidad, densidad y temperatura. Las predicciones de la teoría operativa de la mecánica de los fluidos no resultan exactas —para comprenderlo basta con fijarse en el pronóstico del tiempo—, pero son suficientemente buenas para el diseño de naves y oleoductos.

Quiero señalar que los conceptos del libre albedrío y de la responsabilidad moral sobre nuestras acciones constituyen realmente una teoría operativa en el sentido de la mecánica de los fluidos. Puede que todo lo que hagamos esté determinado por alguna gran teoría unificada. Si esa teoría ha decidido que moriremos ahorcados, no pereceremos ahogados. Pero antes de lanzarse al mar en un barquito durante una borrasca, uno tendría que estar muy seguro de hallarse destinado al patíbulo. He advertido que hasta quienes afirman que todo está predestinado y que nada podemos hacer por cambiarlo miran antes de cruzar la calle. Quizás sea porque los que no miran no sobreviven para afirmarlo.

No es posible basar la conducta propia en la idea de que todo se halla determinado. Por el contrario, hay que adoptar la teoría operativa de que poseemos libre albedrío y somos responsables de nuestras acciones. Esta teoría no sirve de mucho a la hora de predecir la conducta humana, pero la adoptamos porque no hay probabilidad de resolver las ecuaciones surgidas de las leyes fundamentales. Existe también una razón darwiniana para creer en el libre albedrío. Una sociedad en la que los individuos se sientan responsables de sus acciones posee una probabilidad mayor de actuar unida y sobrevivir para difundir sus valores. Claro está que las hormigas trabajan muy unidas, pero semejante sociedad es estática; no puede reaccionar ante los retos anómalos o desarrollar nuevas oportunidades. En cambio, un conjunto de individuos libres que compartan ciertos propósitos serán capaces de colaborar en pro de sus objetivos comunes y tener además flexibilidad para realizar innovaciones. Tal sociedad posee más probabilidades de prosperar y difundir su sistema de valores.

El concepto de *libre albedrío* corresponde a un campo ajeno a las leyes fundamentales de la ciencia. Si uno trata de deducir la conducta humana a partir de las leyes de la ciencia, se ve sumido en la paradoja lógica de unos sistemas referidos a sí mismos. Si cabe predecir por las leyes fundamentales lo que uno hará, entonces el hecho de realizar la predicción puede modificar lo que suceda. Es como los problemas con que tropezaríamos si fuese posible viajar por el tiempo, cosa que no creo que llegue a suceder nunca. Si uno pudiese ver lo que acontecerá en el futuro, podría cambiarlo. Se podría ganar una fortuna apostando al caballo que fuera a ganar el Grand National. Pero esa acción modificaría el tanteo de las apuestas. Basta con ver *Volver al futuro* para comprender los problemas que podrían plantearse.

La paradoja de ser capaz de predecir las propias acciones se halla estrechamente relacionada con el problema que mencioné antes: ¿determinará la teoría definitiva que lleguemos a las conclusiones certeras acerca de la teoría definitiva? En este caso afirmé que la idea darwiniana de la selección natural nos conduciría a la respuesta correcta. Tal vez la respuesta correcta no sea el modo adecuado de expresarlo, mas la selección natural debe llevarnos al menos a una serie de leyes físicas que operen bastante bien. Sin embargo, existen dos razones por las cuales no podemos aplicar esas leyes físicas para deducir la conducta humana. En primer lugar, no nos es posible resolver las ecuaciones y, en segundo, aunque pudiéramos, el hecho de formular una predicción perturbaría el sistema. Por el contrario, la selección natural parece inducirnos a adoptar la teoría operativa del libre albedrío. Si se acepta que las acciones de una persona se hallan libremente elegidas, no cabe entonces afirmar que en algunos casos están determinadas por fuerzas ajenas. Carece de sentido el concepto de "casi libre albedrío". Pero la gente tiende a confundir el hecho de que uno puede ser capaz de suponer lo que probablemente escogerá un individuo con la noción de que la elección no es libre. Imagino que la mayoría de ustedes cenará esta noche, pero son libres de optar por ir a la cama con el estómago vacío. Un ejemplo de semejante confusión es la doctrina de la *responsabilidad atenuada*: la idea de que no debe castigarse a una persona por acciones perpetradas bajo una tensión. Quizá sea más probable que alguien cometa un acto antisocial cuando se halla bajo una tensión, pero esto no significa que debamos incrementar la probabilidad de la comisión del acto, reduciendo el castigo.

Es preciso mantener separados la investigación de las leyes fundamentales de la ciencia y el estudio del comportamiento humano. Por las razones que he explicado, no es posible deducir la conducta humana de las leyes fundamentales. Cabe esperar que podamos emplear tanto la inteligencia como los poderes de reflexión lógica desarrollados a través de la selección natural. Por desgracia, la selección natural ha dado lugar a otras características, como la agresión, que debió proporcionar una ventaja para la supervivencia en la época de los trogloditas y aun en tiempos anteriores y, en consecuencia, habría sido favorecida por la selección natural, pero el tremendo incremento de nuestros poderes de destrucción, logrado por la ciencia y la tecnología modernas, ha hecho de la agresión una cualidad muy peligrosa que amenaza la supervivencia de toda la especie humana. Lo malo es que nuestros instintos agresivos parecen estar codificados en el ADN. Por evolución biológica, el ADN solo cambia en una escala de tiempo de millones de años, en cambio, nuestros poderes de destrucción aumentan en una escala de tiempo que, por lo que respecta a la evolución de información, es solo de veinte a treinta años. A menos que podamos emplear la inteligencia para dominar nuestra agresión, la especie humana no tendrá muchas posibilidades. Si conseguimos sobrevivir durante los próximos cien años, nos desperdigaremos por otros planeas y puede que por otras estrellas. Eso hará que sea mucho menos probable la extinción de toda la especie humana por obra de una calamidad, como una guerra nuclear.

Recapitulando: me he referido a algunos de los problemas que se suscitan cuando uno cree que todo el universo se halla determinado. No importa mucho si este determinismo es debido a un Dios omnipotente o a las leyes de la ciencia. Claro está que uno siempre podría decir que las leyes de la ciencia son la expresión de la voluntad de Dios.

He considerado tres cuestiones. Primera: ¿cómo puede determinar una simple serie de ecuaciones la complejidad del universo y todos sus detalles triviales? Alternativamente: ¿cabe creer en realidad que Dios decide todos los detalles triviales, como quién aparecerá en la portada de *Cosmopolitan*? La respuesta parece ser que el principio de indeterminación de la mecánica cuántica significa que no hay una sola historia del universo, sino toda una familia de historias posibles, que pueden ser semejantes en escalas muy grandes, pero diferirán de manera considerable en las escalas normales y cotidianas. Resulta que vivimos en una historia específica que posee ciertos detalles y propiedades. Pero existen seres inteligentes muy similares, viviendo en historias que difieren en quién ganó la guerra y quién figura a la cabeza de la lista de éxitos. Por consiguiente, los detalles triviales de nuestro universo surgen porque las leyes fundamentales incorporan la mecánica cuántica con su elemento de indeterminación o aleatoriedad.

La segunda cuestión es: si todo se halla determinado por alguna teoría fundamental, entonces lo que digamos acerca de la teoría también se halla determinado por ella misma, pero ¿por qué tendría que determinar que fuese cierto en vez de erróneo o irrelevante sencillamente? Mi respuesta consistió en recurrir a la teoría de la selección natural de Darwin. Solo cuentan con una probabilidad de sobrevivir y reproducirse aquellos individuos que extraigan las conclusiones adecuadas acerca del mundo que les rodea.

La tercera cuestión es: ¿qué queda del libre albedrío y de nuestra responsabilidad sobre las acciones realizadas si todo se halla determinado? La única prueba objetiva de que un organismo posee libre albedrío es que no se pueda predecir su conducta. En el caso de los seres humanos, somos del todo incapaces de utilizar las leyes fundamentales para predecir lo que harán las personas, por dos razones. Primera: no podemos resolver las ecuaciones dado el enorme número de partículas que intervienen. Segunda: aunque consiguiéramos resolverlas, el hecho de formular una predicción perturbaría el sistema y podría conducir a un resultado diferente. En consecuencia, y como no cabe predecir la conducta humana, muy bien podemos adoptar la teoría operativa de que los seres humanos son agentes libres capaces de elegir lo que hagan. Parece que existen ventajas definidas para la supervivencia en creer en el libre albedrío y en la responsabilidad sobre las propias acciones. Eso significa que tal creencia debe ser reforzada por la selección natural. Queda por ver si el sentido de responsabilidad transmitido por el lenguaje es suficiente para controlar el instinto de agresión transmitido por el ADN. En caso contrario, la especie humana constituirá uno de los callejones sin salida de la selección natural. Quizá alguna otra especie de seres inteligentes de la galaxia logre un equilibrio mejor entre responsabilidad y agresión. De ser así, podrían haber establecido contacto con nosotros o al menos habríamos detectado sus señales de radio. Quizá son conscientes de nuestra existencia pero no quieren darse cuenta de nuestro historial.

En resumen, el título de esta conferencia era una pregunta: ¿se halla todo determinado? La respuesta es sí, aunque muy bien puede suceder que no lo esté, porque nunca podremos saber qué se determina.

TRECE

TRECE

EL FUTURO DEL UNIVERSO[15]

El tema de esta conferencia es el futuro del universo o más bien lo que los científicos creen que será ese futuro. Predecir es, desde luego, muy difícil. Una vez pensé que debería escribir un libro titulado *El mañana de ayer: una historia del futuro*. Habría sido una historia de predicciones fallidas, casi todas en medida considerable. Pese a todos los fracasos, algunos científicos creen todavía que pueden predecir el futuro.

En otras épocas la predicción era tarea de oráculos y sibilas. Estas solían ser mujeres que entraban en trance por obra de alguna droga o tras inhalar fumarolas volcánicas. Los sacerdotes que las rodeaban se encargaban entonces de interpretar sus desvaríos y en esa interpretación radicaba la auténtica destreza. En la Grecia antigua, el famoso oráculo de Delfos sobresalió por sus respuestas crípticas o ambiguas. Cuando los espartanos le preguntaron qué sucedería si los persas atacaban Grecia, el oráculo replicó: "O Esparta será

---

15. Conferencia pronunciada en la Universidad de Cambridge, en enero de 1991.

destruida o morirá su rey". Supongo que los sacerdotes pensaron que, de no suceder ninguna de estas eventualidades, los espartanos se sentirían tan agradecidos a Apolo que pasarían por alto el error de su oráculo. De hecho, su rey cayó defendiendo el desfiladero de las Termópilas en una acción que salvó a Esparta y determinó en definitiva la derrota de los persas.

En otra ocasión, el hombre más rico del mundo, Creso, rey de Lidia, inquirió qué sucedería si invadía Persia. La respuesta fue: "Se desplomará un gran reino". Creso juzgó que se refería al imperio persa, pero fue su propio reino el que cayó y él mismo estuvo a punto de ser quemado vivo en una pira.

Recientes profetas catastrofistas han ido más lejos fijando fechas concretas para el fin del mundo. Tales profecías fueron causa de que bajaran las bolsas de valores, aunque me sorprende la razón de que el fin del mundo impulse a alguien a cambiar sus acciones por metálico. Presumiblemente no es posible llevarse ni unas ni otro al abandonar esta existencia.

Hasta ahora, todas las fechas fijadas para el fin del mundo han quedado atrás sin incidentes, aunque con frecuencia los profetas dispusieron de una explicación para sus aparentes fallos. Por ejemplo, William Miller, fundador de los Adventistas del Séptimo Día, predijo que el segundo advenimiento sobrevendría entre el 21 de marzo de 1843 y el 21 de marzo de 1844. Cuando ese período transcurrió sin novedad, fijó una nueva fecha para el 22 de octubre de 1844. Como tampoco entonces ocurrió nada, formuló una nueva interpretación. Según esta, 1844 marcaba el comienzo del segundo advenimiento, pero antes habría que contar los nombres en el Libro de la Vida. Solo entonces llegaría el día del juicio para los que no figuraban en el Libro. Por fortuna, la tarea parece llevar un largo tiempo.

Claro está que es posible que las predicciones científicas no sean más fiables que las de los oráculos o profetas. Basta con pensar en los pronósticos meteorológicos. Pero hay ciertas situaciones en las que nos creemos capaces de formular predicciones fiables y el futuro del universo, en una escala muy amplia, es una de estas.

Durante los trescientos últimos años descubrimos las leyes científicas que gobiernan la materia en todas las situaciones normales. Aún desconocemos las leyes precisas que gobiernan la materia bajo condiciones muy extremas. Esas leyes resultan importantes para comprender cómo empezó el universo, pero no afectan su evolución futura, a menos que el universo retorne a un estado de altísima densidad. El hecho de que tengamos que gastar grandes sumas de dinero en construir gigantescos aceleradores de partículas para comprobar esas leyes de alta energía constituye una prueba de cuán poco afectan al universo.

Aunque podamos conocer las leyes relevantes que gobiernan el universo, quizá no seamos capaces de emplearlas en la predicción de un futuro remoto. Y ello es así porque las soluciones de las ecuaciones de la física pueden denotar una propiedad conocida como *caos*, que significa la posibilidad de que las ecuaciones sean inestables. Bastará un leve cambio durante un breve tiempo en el modo en que un sistema existe para que su comportamiento pueda volverse completamente diferente. Por ejemplo, si uno altera ligeramente la manera de hacer girar una ruleta, será otro el número que salga. Es prácticamente imposible predecir el número que aparecerá; de otra manera, los físicos harían fortunas en los casinos.

Con sistemas inestables y caóticos hay generalmente una escala de tiempo en la que un pequeño cambio en un estado inicial crecerá hasta hacerse dos veces mayor. En el caso de la atmósfera de la Tierra, la escala de tiempo es del orden de cinco días, de un modo aproximado lo que tarda el viento en dar la vuelta al planeta. Es posible hacer pronósticos meteorológicos razonablemente precisos para cinco días, pero predecir el tiempo más allá de ese período exigiría un conocimiento muy exacto del estado presente de la atmósfera y un cálculo imposible por su complejidad. Más allá de indicar el promedio estacional, no hay manera de predecir el tiempo con seis meses de antelación.

Conocemos también las leyes básicas que gobiernan la química y la biología, así que, en principio, tendríamos que ser capaces de determinar cómo funciona el cerebro, pero las ecuaciones que gobiernan el cerebro tienen una conducta caótica, en cuanto que un cambio pequeñísimo en el estado inicial puede conducir a un resultado muy diferente, de modo que no cabe en la práctica predecir la conducta humana, aunque conozcamos las ecuaciones que la gobiernan. La ciencia no es capaz de predecir en la sociedad humana, ni siquiera si esta tiene algún futuro. El peligro estriba en que nuestro poder de cambiar o de destruir el medio ambiente aumenta con una rapidez mucho mayor que la prudencia en el empleo de ese poder.

Sea lo que fuere lo que le suceda a la Tierra, el resto del universo seguirá inafectado. Parece que el movimiento de los planetas alrededor del Sol es en definitiva caótico, aunque en una escala de tiempo muy amplia. Eso significa que los errores de cualquier predicción se vuelven mayores a medida que transcurre el tiempo. Tras un cierto período se hace imposible predecir minuciosamente el movimiento. Podremos estar bastante seguros de que durante largo tiempo la Tierra no chocará con Venus, pero no cabe descartar que la suma de pequeñas perturbaciones en sus órbitas llegue a provocar tal choque dentro de mil millones de años. Los movimientos del Sol y de otras estrellas alrededor de la galaxia y el de esta en el grupo galáctico local son también caóticos. Observamos que las demás galaxias se alejan de nosotros y que cuanto más lejos se encuentran más deprisa escapan. Eso significa que el universo está expandiéndose en esta región. Las distancias entre diferentes galaxias crecen con el tiempo.

La prueba de que esta expansión es uniforme y no caótica viene dada por un fondo de radiaciones de microondas que percibimos procedentes del espacio exterior. Se puede observar realmente esa radiación sintonizando el televisor en un canal vacío. Un pequeño porcentaje de los *copos* que aparecen en la pantalla son debidos a microondas que llegan desde fuera del sistema solar. Es la misma clase de radiación que produce un horno de microondas, pero mucho más débil. Solo calentaría un plato a 2.7 grados por encima del cero absoluto, así que no le serviría para preparar la pizza que haya comprado en la tienda. Se cree que esta radiación constituye el residuo de una etapa primitiva y caliente del universo. Lo más notable es que el volumen de radiación parece ser casi el mismo desde cualquier dirección. Esta radiación fue medida con gran precisión por el satélite *Cosmic Background Explorer*. Un mapa estelar realizado según estas observaciones mostraría diferentes temperaturas de radiación. Estas son distintas en diversas direcciones, pero las variaciones resultan muy pequeñas, tan solo de una cienmilésima. Tiene que haber algunas diferencias en las microondas de distintas direcciones, porque el universo no es completamente uniforme; hay irregularidades locales como estrellas, galaxias y cúmulos galácticos. Mas las variaciones en el fondo de microondas son tan reducidas como posiblemente podrían ser, y compatibles con las irregularidades locales que observamos. En un 99 999/100 000, el fondo de microondas es igual en todas las direcciones.

En otros tiempos la gente creía que la Tierra ocupaba el centro del universo. Por ello no se habrían sorprendido de que el fondo sea igual en cada dirección. Pero desde la época de Copérnico hemos quedado rebajados a la categoría de pequeño planeta que gira alrededor de una estrella muy semejante al promedio, en el borde exterior de una galaxia típica, una más entre las 100 000 millones que podemos distinguir. Somos ahora tan modestos que no pode-

mos reivindicar ninguna posición especial en el universo. Hemos
de suponer que el fondo es también el mismo en cualquier dirección en torno de cualquier otra galaxia. Esto solo será posible si la
densidad media del universo y el ritmo de expansión son iguales en
todas partes. Una variación en la densidad media o en el ritmo de
expansión de una gran región determinaría diferencias en el fondo de microondas de distintas direcciones. Tal hecho significa que a
gran escala el comportamiento del universo es simple y no caótico.
Por tanto cabe hacer predicciones para un futuro remoto.

Como la expansión del universo es tan uniforme, es posible
describirla en términos de un solo número, la distancia entre dos
galaxias. Esta crece ahora pero hay que esperar que la atracción
gravitatoria entre diferentes galaxias esté frenando el ritmo de la
expansión. Si la densidad del universo es superior a un cierto valor crítico, la atracción gravitatoria llegará a detener la expansión
y obligará al universo a concentrarse. Acabaría en un Big Crunch
("gran colapso"). Resultaría bastante semejante al Big Bang con
que comenzó. El Big Crunch sería lo que llamamos una *singularidad*, un estado de densidad infinita donde fallarían las leyes de la
física, lo que significa que aunque hubiera sucesos posteriores al
gran colapso, no podría predecirse qué sería de ellos. Pero sin una
conexión causal entre sucesos, no hay modo significativo de expresar que uno tenga lugar tras otro. Muy bien podría afirmarse que
nuestro universo concluiría en el gran colapso y que cualesquiera
acontecimientos ocurridos "después" serían parte de un universo
distinto. Es un poco como la reencarnación. ¿Qué significado es posible dar a la declaración de que un nuevo bebé es alguien que murió si el bebé no hereda características o recuerdo alguno de su vida
anterior? Puede muy bien decirse que se trata de un ser diferente.

Si el promedio de densidad del universo es inferior al valor
crítico, no se contraerá sino que proseguirá expandiéndose indefinidamente. Al cabo de un cierto tiempo la densidad será tan baja

que la atracción gravitatoria carecerá de efecto significativo para frenar la expansión. Las galaxias continuarán separándose a una velocidad constante.

Así que la pregunta crucial acerca del futuro del universo es esta: ¿cuál es la densidad media? Si resulta inferior al valor crítico, el universo se expandiría siempre, pero, si es superior, el universo se contraerá y con el tiempo concluirá en un gran aplastamiento. Yo poseo ciertas ventajas sobre otros profetas catastrofistas: aunque el universo vaya a contraerse, puedo predecir con seguridad que no interrumpirá su expansión al menos durante diez mil millones de años.

Cabe intentar una estimación de la densidad media del universo a partir de las observaciones. Si contamos las estrellas que conseguimos ver y sumamos sus masas, obtendremos menos de un 1% de la densidad crítica. Y aunque añadamos las masas de las nubes de gas que apreciamos en el universo, el total será de solo un uno por ciento del valor crítico. Pero sabemos que el universo tiene que contener también lo que se llama *materia oscura*, que no podemos observar directamente. Una prueba de la existencia de esta materia oscura nos llega de las galaxias en espiral. Se trata de enormes colecciones aplanadas de estrellas y gas. Observamos que giran alrededor de su centro, pero la velocidad de rotación es tal que se desperdigarían si solo contuvieran las estrellas y el gas que distinguimos. Ha de haber unas formas invisibles de materia cuya atracción gravitatoria sea suficiente para retener las galaxias en su giro.

Otra prueba de la existencia de materia oscura procede de los cúmulos galácticos. Observamos que las galaxias no se hallan uniformemente distribuidas por el espacio; se congregan en cúmulos que comprenden desde unas cuantas galaxias a millones. Presumiblemente, estos cúmulos se forman porque las galaxias se atraen unas a otras formando grupos. Sin embargo, podemos medir la velocidad de desplazamiento de cada una de las galaxias en estos cúmulos. Descubrimos que son tan elevadas que los cúmulos se desintegrarían de no hallarse retenidos por la atracción gravitatoria. La masa requerida es considerablemente superior a las masas de todas las galaxias, y es así aun suponiendo que las galaxias posean las masas exigidas para mantenerse unidas mientras giran. Se deduce que, fuera de las galaxias que vemos, tiene que haber una materia oscura adicional en los cúmulos galácticos.

Es posible hacer una estimación razonable del volumen de galaxias y cúmulos de esa materia oscura de cuya existencia tenemos prueba definitiva, aunque tal estimación solo representa alrededor de un 10% de la densidad crítica requerida para una contracción del universo. En consecuencia, de atenernos tan solo a los datos de las observaciones, hay que predecir que el universo proseguirá indefinidamente su expansión. Al cabo de unos cinco mil millones de años el Sol se quedará sin combustible nuclear, crecerá hasta convertirse en lo que se denomina una *gigante roja*, que engullirá la Tierra y los demás planetas próximos; luego se contraerá hasta llegar a ser una enana blanca, con un diámetro de unos cuantos miles de kilómetros. Anuncio, pues, el fin del mundo, pero todavía no. No creo que esta predicción haga bajar demasiado la bolsa de valores. Hay en el horizonte uno o dos problemas más inmediatos. En cualquier caso, cuando el Sol se hinche, tendríamos que haber dominado la técnica del viaje interestelar, si es que antes no nos hemos aniquilado nosotros mismos.

Tras unos diez millones de años, la mayoría de las estrellas del universo habrán agotado su combustible. Estrellas con una masa como la del Sol se convertirán en enanas blancas o en estrellas de neutrones, que son aún más pequeñas y densas que las enanas blancas. Puede que estrellas mayores se conviertan en agujeros negros, todavía más pequeños y con un campo gravitatorio tan intenso que no dejen escapar luz alguna. Estos residuos continuarán describiendo una órbita alrededor del centro de nuestra galaxia cada cien millones de años. Los choques entre estos restos determinarán que unos pocos salgan proyectados fuera de la galaxia. Los demás describirán órbitas cada vez más próximas al centro y con el tiempo llegarán a construir un gigantesco agujero negro. Sea lo que fuere la materia oscura en galaxias y cúmulos, cabe esperar que también caiga en esos colosales agujeros negros.

Así pues, se podría suponer que la mayor parte de la materia de galaxias y cúmulos acabará en agujeros negros. Hace algún tiempo descubrí que los agujeros no eran tan negros como los pintaban. El principio de indeterminación de la mecánica cuántica indica que las partículas no pueden tener simultáneamente muy definidas la posición y la velocidad. Cuanto mayor sea la precisión con que se defina la posición de una partícula, menor será la exactitud con que se determine su velocidad y viceversa. Si una partícula se encuentra en un agujero negro, su posición está muy definida allí, lo que significa que su velocidad no puede ser exactamente definida. Es posible que la velocidad de la partícula sea superior a la de la luz, de esta forma podría escapar del agujero negro. Partículas y radiación saldrían poco a poco. Un gigantesco agujero negro en el centro de una galaxia tendría un diámetro de millones de kilómetros: en consecuencia, existiría una gran indeterminación en la posición de una partícula en su seno. Por ello, sería pequeña la indeterminación en la velocidad de tal partícula, lo que significa que necesitaría muchísimo tiempo para escapar del agujero negro, pero acabaría por conseguirlo. Un agujero negro en el centro de una galaxia requeriría quizá 10^{90} años para desintegrarse y desaparecer por completo, es decir, un uno seguido de noventa ceros. Eso representa mucho más que la edad actual del universo, que es tan solo de 10^{10}, un uno seguido de diez ceros. Quedará mucho tiempo aun si el universo se expande indefinidamente.

El futuro de un universo en constante expansión resultaría más bien tedioso, aunque en modo alguno es seguro que el universo se expanda indefinidamente. Tenemos tan solo la prueba concreta de la existencia de cerca de una décima parte de la densidad precisa para que el universo se contraiga. Aun así, puede que existan más tipos de materia oscura, todavía no detectada, que elevasen la densidad media del universo hasta alcanzar o superar el valor crítico. Esta materia oscura adicional tendría que hallarse fuera de las galaxias y de los cúmulos galácticos. De otro modo, habríamos advertido su efecto en la rotación de galaxias o en los movimientos de estas dentro de los cúmulos.

¿Por qué pensar que puede existir materia oscura suficiente para que el universo llegue a contraerse con el tiempo? ¿Por qué no limitarnos a creer en la materia de cuya existencia poseemos prueba concreta? La razón es que tener ahora siquiera una décima parte de la densidad crítica requiere un equilibrio preciso entre la densidad inicial y el ritmo de expansión. Si la densidad del universo un segundo después del Big Bang hubiera sido superior en una billonésima parte, el universo se habría contraído al cabo de diez años. Por otro lado, si la densidad del universo de entonces hubiese sido inferior en la misma cantidad, el universo se hallaría esencialmente vacío desde que cumplió los diez años.

¿Cómo es que se eligió tan minuciosamente la densidad del universo? Quizá haya alguna razón para que tenga exactamente la densidad crítica. Parece haber dos explicaciones posibles. Una es el llamado *principio antrópico*, que cabe expresar así: el universo es como es porque de ser diferente no estaríamos aquí para observarlo. La idea es que podría haber muchos universos diferentes con distintas densidades. Solo aquellos muy próximos a la densidad crítica durarían bastante y contendrían materia suficiente para que se formasen estrellas y planetas. Únicamente en esos universos habrá seres inteligentes que se hagan la pregunta ¿por qué está la densidad tan próxima a la cifra crítica? Si esta es la explicación de la presente densidad del universo, no hay razón para creer que contengan más materia que la ya detectada. Una décima parte de la densidad crítica significaría materia suficiente para que se formasen galaxias y estrellas.

A muchas personas no les gusta el principio antrópico porque parece otorgar demasiada importancia a nuestra propia existencia. Se ha buscado así otra explicación posible a la razón de que la densidad deba hallarse tan cerca del valor crítico. Tal búsqueda ha conducido a la teoría de la inflación en el universo primitivo. La idea es que puede que el tamaño del universo fuera doblándose del mismo modo que mes a mes se doblan los precios en países que sufren una enorme inflación. Pero la del universo tendría que haber sido mucho más rápida y extremada: un incremento por un factor de al menos 1 000 trillones lo habría situado ya muy cerca de la densidad crítica. Por consiguiente, de ser cierta la teoría de la inflación, el universo ha de contener materia oscura para elevar la densidad hasta el grado crítico. Eso significa que probablemente se contraerá con el tiempo, pero no hasta dentro de mucho más de los 15 000 millones de años en que ha estado expandiéndose.

¿Qué clase de materia oscura adicional ha de haber si está en lo cierto la teoría de la inflación? Parece que es distinta de la normal, de la que constituye estrellas y planetas. Podemos calcular los volúmenes de los diversos elementos ligeros que habrían surgido en las etapas primitivas y calientes del universo durante los tres primeros minutos después del Big Bang. La cantidad de estos elementos depende del volumen de materia normal en el universo. Cabe trazar una gráfica donde se represente verticalmente la cantidad de elementos ligeros y en el eje horizontal la de materia normal. Coincide con los volúmenes observados si la cantidad total de materia normal constituye solo una décima parte de la cantidad crítica aproximadamente. Es posible que estos cálculos sean erróneos, pero resulta muy impresionante el hecho de que obtengamos los volúmenes observados de varios elementos diferentes.

Si existe una densidad crítica de la materia oscura, lo más probable sería que estuviese constituida por restos de las etapas primitivas del universo. Puede que se trate de partículas elementales. Hay varias candidatas hipotéticas, partículas que creemos que puede haber, aunque no las hemos detectado. El caso más prometedor es el de una partícula de cuya existencia tenemos buenas pruebas: el neutrino. Se creía que carecía de masa y, sin embargo, algunas observaciones recientes indican que puede tener una masa pequeña. Si se confirma que esto es así y se obtiene un valor preciso, los neutrinos proporcionarían masa suficiente para elevar la densidad del universo a su valor crítico.

Otra posibilidad es la de los agujeros negros. Puede que el universo primitivo experimentase lo que se denomina una *transición de fase*. La ebullición y la congelación del agua son ejemplos de transiciones de fase. En cada una de estas, un medio tradicionalmente uniforme presenta irregularidades. En el caso del agua pueden ser grumos de hielo o burbujas de vapor. Tales irregularidades pueden contraerse para formar agujeros negros. Si estos hubieran sido muy pequeños, habrían desaparecido ya, por obra del principio de indeterminación de la mecánica cuántica, como se señaló antes, pero si hubiesen superado unos cuantos miles de millones de toneladas (la masa de una montaña), todavía existirían y resultarían muy difíciles de detectar.

La única manera en que podríamos advertir una materia oscura que estuviese uniformemente distribuida por el universo sería a través de su efecto en la expansión de este. Es posible determinar el grado en que reduce su ritmo la expansión, midiendo la velocidad a la que se alejan de nosotros las galaxias remotas. Lo cierto es que observamos esas galaxias en un pasado lejano, cuando partió de allí la luz que ahora nos llega. Se puede trazar una gráfica de la velocidad de las galaxias en relación con su brillo o magnitud aparente, que es una medida de su distancia respecto a nosotros.

Diferentes líneas de esta gráfica corresponden a distintas tasas de reducción de la expansión. Una línea combada hacia arriba corresponderá a un universo que se contraerá. A primera vista las observaciones parecen indicar contracción. Lo malo es que el brillo aparente de una galaxia no constituye un indicio muy bueno de la distancia que la separa de nosotros. No solo existe una variación considerable en el brillo intrínseco de las galaxias, sino que hay, además, pruebas de que su brillantez varía con el tiempo. Puesto que ignoramos cuánto cabe atribuir a la evolución del brillo, no podemos decir aún cuál es la tasa de reducción, si resulta bastante rápida para que el universo acabe por contraerse o si continuará expandiéndose indefinidamente. Habrá que aguardar a que se desarrollen medios mejores de medir las distancias de las galaxias. Cabe estar seguros de que la tasa de reducción no es tan rápida como para que el universo vaya a contraerse en unos cuantos miles de millones de años.

Ni la expansión indefinida ni la contracción dentro de cien mil millones de años o casi parecida constituyen perspectivas muy atrayentes. ¿No hay algo que podamos hacer para que el futuro sea más interesante? Desde luego, un modo de conseguirlo sería internarnos en un agujero negro. Tendría que ser bastante grande, más de un millón de veces la masa del Sol. Existen muchas probabilidades de que haya en el centro de nuestra galaxia un agujero negro de ese tamaño.

Aún no estamos verdaderamente seguros de lo que sucede en el interior de un agujero negro. Hay soluciones de las ecuaciones de la relatividad general que permiten caer en un agujero negro y salir por un agujero blanco en algún otro lugar. Un agujero blanco es una inversión del tiempo en un agujero negro. Se trata de un objeto de donde pueden salir cosas, pero nada puede caer en él. El agujero blanco podría hallarse en otro punto del universo. Eso parece brindar la posibilidad de un rápido viaje intergaláctico. Lo malo es que quizá fuese demasiado rápido. Si resultase posible el viaje por los agujeros negros, al parecer no habría nada que impidiera volver antes de partir. Uno podría hacer entonces algo así como matar a su madre, lo que desde luego le habría vedado llegar al lugar de partida.

Tal vez por suerte para nuestra supervivencia (y la de nuestras madres) parece que las leyes de la física no permiten semejante viaje por el tiempo. Quizá exista un Instituto de Protección de la Cronología que, impidiendo ir al pasado, garantiza la seguridad de los historiadores. Lo que posiblemente sucedería es que los efectos del principio de indeterminación originarían un gran volumen de radiación si uno viajara al pasado. Esta radiación, o bien plegaría el espacio-tiempo hasta tal punto que ya no fuera posible el regreso en el tiempo, o haría que el espacio-tiempo concluyese en una singularidad como el Big Bang y el gran aplastamiento. De cualquier manera, nuestro pasado se verá libre de malvados. La hipótesis de protección de la cronología está respaldada por cálculos recientes de varias personas entre las que me cuento. La prueba mejor con que contamos acerca de la imposibilidad actual y perenne del viaje por el tiempo es que no hemos sido invadidos por hordas de turistas del futuro.

Resumiendo: los científicos creen que el universo se halla gobernado por leyes bien definidas que en principio permiten predecir el futuro, aunque el movimiento asignado por las leyes es a menudo caótico. Eso significa que un pequeño cambio en la situación inicial puede conducir a un cambio en la conducta subsiguiente que rápidamente se torne mayor. De este modo, y en la práctica, a menudo solo cabe predecir acertadamente el futuro en un plazo bastante corto. El comportamiento a gran escala del universo parece ser simple y no caótico, lo que permite predecir si el universo se expandirá indefinidamente o si llegará un momento en que se contraiga. Eso depende de su densidad actual. De hecho, la densidad presente parece muy próxima a la densidad crítica entre la contracción y la expansión indefinida. Si es correcta la teoría de la inflación, el universo está en realidad en el filo de la navaja. Pertenezco, pues, a la inveterada tradición de oráculos y profetas que se guardan las espaldas, prediciendo una cosa y la otra.

CATORCE

CATORCE

DISCOS DE LA ISLA DESIERTA: UNA ENTREVISTA

*E*l programa de la BBC Discos de la Isla Desierta *comenzó en 1942. Es el más veterano de la radio y en cierto modo constituye una institución nacional en Gran Bretaña. A lo largo de los años desfilaron por este programa los más diversos personajes. En él han sido entrevistados escritores, actores, músicos, directores cinematográficos, cocineros, jardineros, profesores, bailarines, políticos, miembros de la realeza, caricaturistas y científicos. Los invitados, a quienes siempre se les llama náufragos, han de elegir ocho discos que optarían por llevar consigo si quedaran abandonados en una isla desierta. También se les pide que mencionen un objeto de lujo (tiene que ser inanimado) y un libro como compañía (se supone que en la isla ya hay un texto religioso apropiado —la Biblia, el Corán o un volumen equivalente— y las obras de Shakespeare). Asimismo, se da por entendido que existen los medios para escuchar los discos; en las primeras emisiones solía decirse: "…suponiendo que hay un gramófono y un depósito inagotable de agujas para los discos". Hoy se presume la existencia de un reproductor de discos compactos alimentado por energía solar.*

El programa es semanal y a lo largo de la entrevista, que suele durar unos cuarenta minutos, se escuchan los fragmentos elegidos por el invitado. Pero esta entrevista con Stephen Hawking, radiada el día de Navidad de 1992, constituyó una excepción y se prolongó más tiempo. La entrevistadora es Sue Lawley.

SUE: Desde luego y en muchos aspectos, Stephen, usted se encuentra ya familiarizado con la soledad de una isla desierta, marginado de la vida física normal y privado de cualquier medio natural de comunicación. ¿En qué medida conoce tal aislamiento?

STEPHEN: No me considero marginado de la vida normal y no creo que la gente que me rodea vaya a decir que lo estuve. No me siento incapacitado; creo que simplemente soy alguien cuyas neuronas motrices no funcionan bien, como quien no distingue los colores. Supongo que no cabe describir mi vida como corriente, pero la considero normal en espíritu.

SUE: Sin embargo, y a diferencia de la mayoría de los náufragos de *Discos de la Isla Desierta*, usted ya se ha demostrado a sí mismo que mental e intelectualmente se basta y que cuenta con teorías e inspiración suficientes para mantenerse ocupado.

STEPHEN: Imagino que soy por naturaleza un tanto introvertido y las dificultades de comunicación me han obligado a basarme en mí mismo. Pero de chico era muy hablador. Necesitaba como estímulo la discusión con otras personas. Representa una gran ayuda en mi trabajo exponer mis ideas a otros. Aunque no me brinden sugerencias, el simple hecho de tener que ordenar mis pensamientos para poder explicarlos me ofrece, a menudo, una nueva vía de progreso.

SUE: Pero ¿qué me dice, Stephen, de su satisfacción emocional? Hasta un físico brillante tiene que necesitar a otras personas con ese fin.

STEPHEN: La física está muy bien pero resulta del todo fría. No hubiera podido vivir solo de eso. Como todo el mundo, necesito cariño, amor y afecto. También en esto he tenido suerte, más que muchas personas con mis descalificaciones, a la hora de conseguir con creces amor y afecto. Además, la música posee una gran importancia para mí.

SUE: ¿Qué le proporciona mayor placer, la física o la música?

STEPHEN: Confieso que el placer que me otorga la física cuando las cosas van bien es muy superior al de la música. Pero eso solo ocurre muy pocas veces en una carrera profesional, mientras que uno puede poner un disco cuando se le antoje.

SUE: ¿Y cuál sería el primer disco que pondría usted en su isla desierta?

STEPHEN: *Gloria*, de Pulenc. Lo oí por primera vez en el verano pasado en Aspen, Colorado. Aspen es fundamentalmente una estación invernal, pero en el estío se desarrollan allí reuniones de físicos. A un lado del centro en donde tienen lugar hay una enorme carpa en la que celebran un festival de música. Mientras uno delibera sobre lo que sucede cuando se esfuman los agujeros negros, puede escuchar los ensayos. Es ideal: combina mis dos grandes placeres, la física y la música. Si pudiera contar con ambas en mi isla desierta no desearía que me rescatasen. Bueno, hasta que hubiera descubierto en física teórica algo sobre lo que desease informar a todo el mundo. Supongo que violaría las reglas una antena parabólica que me permitiese recibir trabajos de física por correo electrónico.

SUE: La radio puede ocultar defectos físicos, pero en esta ocasión disfraza algo más. Hace siete años, Stephen, usted perdió literalmente la voz. ¿Puede decirnos qué sucedió?

STEPHEN: En el verano de 1985 acudí a Ginebra, al gran acelerador de partículas del Consejo Europeo para la Investigación Nuclear. Pensaba ir a Alemania y asistir en Bayreuth a las representaciones de la tetralogía del *Anillo* wagneriano. Pero contraje una neumonía y me internaron precipitadamente en un hospital. Allí le dijeron a mi esposa que no valía la pena que siguiera funcionando el aparato que me mantenía con vida. Pero ella no se resignó. Fui trasladado por vía aérea al hospital de Addenbrookes de Cambridge, y allí un cirujano llamado Roger Grey me hizo una traqueoto-mía. Aquella operación salvó mi vida, pero me privó de la voz.

SUE: Por entonces su dicción era ya muy defectuosa y difícil de entender, ¿no es cierto? Así que cabe suponer que de cualquier modo hubiera acabado por quedarse sin habla.

STEPHEN: Aunque mi dicción fuese defectuosa y difícil de entender, todavía podían comprenderme quienes me rodeaban. Era capaz de dar seminarios a través de un intérprete y podía dictar trabajos científicos. Durante el período inmediatamente posterior a la operación me sentí anonadado. Consideré que no merecía la pena seguir si no recobraba la voz.

SUE: Y entonces un especialista californiano leyó algo sobre su situación y le proporcionó una voz. ¿Cómo funciona?

STEPHEN: Se llama Walt Woltosz. Su suegra se había encontrado en el mismo estado que yo, así que Woltosz elaboró un programa informático para ayudarla a comunicarse. Por la pantalla se desplaza un cursor. Cuando llega la opción que uno desea, basta con accionar un interruptor con la cabeza o con un movimiento ocular o, en mi caso, con la mano. De esta manera soy capaz de seleccionar unas palabras para que aparezcan en la parte inferior de la pantalla. Una vez determinado lo que pretendo decir, puedo enviarlo al sintetizador fónico o grabarlo en disco.

SUE: Pero se trata de una operación lenta.

STEPHEN: Cierto, la velocidad de expresión es aproximadamente una décima de la normal. Mas con el sintetizador me expreso con una claridad muy superior a la de antes. Los británicos dicen que el acento es norteamericano, pero en Estados Unidos lo juzgan escandinavo o irlandés. Sea como fuere, cualquiera puede entenderme. Mis hijos mayores se acostumbraron a mi voz natural al empeorar, pero el pequeño, que tenía 6 años cuando mi traqueotomía, no me comprendía entonces. Ahora no tiene dificultad. Eso significa mucho para mí.

SUE: Significa también la posibilidad de exigir que se le informe previamente de las preguntas de una entrevista y de responder solo cuando esté preparado, ¿no es cierto?

STEPHEN: En programas largos y grabados como este, resulta útil conocer de antemano las preguntas para no emplear horas y horas de cinta magnetofónica. En cierto modo, eso me proporciona un mayor dominio de la situación. Pero en realidad prefiero responder espontáneamente. Eso es lo que hago después de los seminarios y las conferencias de divulgación.

SUE: Como usted declara, eso supone un dominio y sé que este aspecto le importa. Su familia y sus amigos dicen que a veces se muestra testarudo e imperioso. ¿Admite tales acusaciones?

STEPHEN: A cualquiera con sentido común se le llama en ocasiones testarudo. Prefiero decir que soy resuelto. De no haberlo sido, no estaría aquí ahora.

SUE: ¿Fue siempre así?

STEPHEN: Simplemente, deseo tener sobre mi vida el grado de control que tenga cualquier otro en la suya. Con mucha frecuencia las vidas de los minusválidos han sido gobernadas por los demás. Ninguna persona físicamente capaz lo soportaría.

SUE: Vayamos con su segundo disco.

STEPHEN: El *Concierto para violín* de Brahms. Fue el primer disco de larga duración que adquirí, en 1957, poco tiempo después de la aparición en Gran Bretaña de discos de 33 revoluciones por minuto. A mi padre le hubiera parecido un desatino inadmisible comprar un tocadiscos, pero lo convencí de que era capaz de montar las piezas, que me saldrían baratas. Como natural de Yorkshire, aquello lo sedujo. Monté el plato y el amplificador en la caja de un viejo gramófono de 78 revoluciones. De haberlo conservado, ahora tendría un gran valor.

Una vez conseguido el tocadiscos, necesitaba algo que escuchar. Un amigo de la escuela me sugirió el *Concierto para violín* de Brahms, del que nadie de nuestro círculo escolar tenía una grabación. Recuerdo que me costó 35 chelines, muchísimo en aquellos tiempos, sobre todo para mí. Los precios de los discos han subido considerablemente, pero en términos reales resultan ahora mucho más baratos.

Cuando escuché por vez primera este disco en una tienda, pensé que sonaba bastante raro y no estaba seguro de que me gustase; pero me pareció que tenía que decir que me agradaba. Sin embargo, a lo largo de los años ha llegado a significar mucho para mí. Preferiría escuchar el comienzo del movimiento lento.

SUE: Un viejo amigo de su familia dice que a esta, cuando usted era un niño, se la consideraba, y cito textualmente, "muy inteligente, muy despierta y muy excéntrica". ¿Cree, retrospectivamente, acertada la descripción?

STEPHEN: No puedo decir si mi familia era inteligente, pero desde luego no nos considerábamos excéntricos. Sin embargo, imagino que quizá lo pareciésemos de acuerdo con las normas de Saint Albans, que era un lugar bastante convencional cuando nosotros vivíamos allí.

SUE: Y su padre era un especialista en enfermedades tropicales.

STEPHEN: Mi padre hacía investigaciones en medicina tropical. Iba a menudo a África para probar allí nuevos medicamentos.

SUE: O sea que su madre fue quien mayor influencia ejerció sobre usted; de ser así, ¿cómo caracterizaría ese influjo?

STEPHEN: No, creo que mi padre influyó más en mí. Fue mi modelo. Porque era un investigador científico, consideré que lo natural sería consagrarme a la investigación científica. La única diferencia era que no me atraían ni la medicina ni la biología, porque se me antojaban demasiado inexactas y descriptivas. Buscaba algo más fundamental y lo hallé en la física.

SUE: Su madre ha dicho que usted siempre tuvo, según sus palabras, una enorme capacidad de asombro. "Me daba cuenta de que le atraían las estrellas", declaró. ¿Lo recuerda?

STEPHEN: Recuerdo una noche en que regresé tarde de Londres. En aquellos tiempos, como medida de economía, apagaban a medianoche el alumbrado urbano. Contemplé el firmamento, atravesado por la Vía Láctea, como nunca lo había visto. No habrá faroles en mi isla desierta, así que veré bien las estrellas.

SUE: Es evidente que fue un chico brillante y que se mostraba muy competitivo en su casa, cuando jugaba con su hermana, pero en la escuela figuraba entre los últimos de la clase sin que pareciera importante.

STEPHEN: Eso fue durante mi primer año en la escuela de Saint Albans. Pero he de aclarar que se trataba de una clase con chicos muy brillantes y yo lo hacía mucho mejor en los exámenes que en los trabajos del curso. Tenía la seguridad de que realmente podía hacerlo bien; lo que me fallaba era la caligrafía y, en general, la presentación de los ejercicios.

SUE: ¿Disco número tres?

STEPHEN: Cuando estudiaba en Oxford, leí *Contrapunto*, una novela de Aldous Huxley. Pretendía ser un retrato de la década de 1930 y sus personajes eran numerosísimos. La mayoría eran acartonados, pero había uno que evidentemente constituía una réplica del propio Huxley. Aquel hombre mataba al jefe de los fascistas británicos, una figura inspirada en sir Oswald Mosley. Hizo saber entonces al partido lo que había hecho y puso en el gramófono los discos del *Cuarteto de cuerda, opus 132* de Beethoven. Hacia la mitad del tercer movimiento llaman a la puerta y cuando abre, lo matan los fascistas.

Es en realidad una novela muy mala, pero Huxley acertó al elegir la música. De saber que estaba en camino una enorme ola que anegaría mi isla desierta, escucharía el tercer movimiento de ese cuarteto.

SUE: Fue a Oxford, al University College, a estudiar matemáticas y física y allí, según sus propios cálculos, trabajaba un promedio de una hora diaria. Aunque también se ha dicho que remaba, bebía cerveza y se complacía en burlarse de algunos, según lo que he leído. ¿En qué radicaba el problema? ¿Por qué no se molestaba en trabajar?

STEPHEN: Era el final de la década de 1950 y la mayoría de los jóvenes se sentían desilusionados con lo que se llamaba el *establishment*. No existía otra perspectiva que no fuera ganar cada vez más dinero. Los conservadores acababan de obtener su tercera victoria electoral bajo el eslogan "Nunca estuviste mejor". Como a muchos de mis contemporáneos, me aburría aquella vida.

SUE: A pesar de todo, conseguía resolver en pocas horas problemas que sus condiscípulos no hacían en semanas enteras. Ellos eran, por supuesto, conscientes, a juzgar por lo que dijeron después, de que usted poseía un talento excepcional. ¿También usted lo pensaba?

STEPHEN: El curso de física de Oxford resultaba entonces ridículamente fácil. Se podía aprobar sin ir a clase. Bastaba con hacer una o dos prácticas semanales. No era preciso recordar muchos hechos, sobraba con unas cuantas ecuaciones.

SUE: Pero fue en Oxford en donde advirtió por vez primera que sus manos y sus pies no hacían lo que usted quería. ¿Cómo se lo explicó entonces?

STEPHEN: En realidad, lo primero que noté fue que no conseguía remar bien. Luego sufrí una caída aparatosa en la escalera del comedor universitario. Acudí al médico del colegio, porque me inquietaba la posibilidad de alguna lesión cerebral. Pero dijo que no me ocurría nada y que bebiera menos cerveza. Después de mis exámenes finales en Oxford, pasé el verano en Irán. Cuando volví, me sentía peor, pero lo atribuí a unos trastornos gástricos que había sufrido allí.

SUE: ¿En qué momento reconocío que algo iba decididamente mal y que tenía que ponerse en manos de los médicos?

STEPHEN: Estaba por entonces en Cambridge y fui a pasar la Navidad a casa. Aquel invierno de 1963 a 1964 fue muy frío. Mi madre me indujo a que acudiera a patinar en el lago de Saint Albans, aunque yo sabía que no estaba realmente para eso. Me caí y me costó mucho ponerme en pie. Mi madre comprendió que ocurría algo y me llevó a nuestro médico de cabecera.

SUE: Y luego, al cabo de tres semanas en el hospital, le dijeron lo peor.

STEPHEN: Fue en el Barts Hospital de Londres, porque mi padre pertenecía a Barts. Me sometieron a reconocimientos durante dos semanas, pero no me dijeron lo que tenía, excepto que no era una esclerosis múltiple y que no constituía un caso típico. Tampoco me informaron de las perspectivas, pero deduje que eran bastante malas, así que no quise preguntar.

SUE: Y, en definitiva, le anunciaron que le quedaban unos dos años de vida. Vamos a detenernos en ese momento de su existencia, Stephen, y escuchar su siguiente disco.

STEPHEN: *La Walkyria*, primer acto. Otro de los primeros discos de larga duración, con Melchior y Lehmann. Grabado antes de la guerra en 78 revoluciones y reproducido como LP al comienzo de la década de 1980. Después de que me diagnosticaron en 1963 la esclerosis lateral amiotrófica, me volqué en Wagner, porque sintonizaba con su talante tenebroso y apocalíptico. Por desgracia, mi sintetizador fónico no es muy instruido y lo pronuncia como una *W* suave. Yo escribo V-A-R-G-N-E-R para que se aproxime a la pronunciación adecuada.

La tetralogía del *Anillo* constituye la obra fundamental de Wagner. En 1964, fui a Bayreuth, Alemania, con mi hermana Philippa. Por entonces, no conocía bien el *Anillo*, y *La Walkyria*, segunda ópera del ciclo, me causó una profunda impresión. Era una producción de Wolfgang Wagner y el escenario aparecía casi en tinieblas. Se trata de la historia de dos gemelos, Siegmund y Sieglinde, a los que separaron en la niñez. Vuelven a encontrarse cuando Siegmund se refugia en casa de su enemigo, Hunding, esposo de Sieglinde. El fragmento que he elegido corresponde al momento en que Sieglinde describe cómo se vio obligada a casarse con Hunding. En plena celebración irrumpe en la estancia un anciano. La orquesta interpreta el motivo del Valhalla, uno de los mejores del *Anillo*, porque se trata de Wotan, señor de los dioses y padre de Siegmund y de Sieglinde. Hunde su espada en el tronco de un árbol. La espada está destinada a Siegmund. Al final del acto, Siegmund la arranca y los dos huyen al bosque.

SUE: Al leer sobre usted, Stephen, parece como si la sentencia de muerte que significó decirle que solo le quedaban unos dos años de vida, le hubiera empujado a esforzarse por vivir.

STEPHEN: Su primer efecto fue deprimirme. Creí empeorar con gran rapidez. No parecía tener sentido alguno hacer nada o preparar mi doctorado, porque no sabía si dispondría de tiempo suficiente para concluir el curso. Pero luego las cosas empezaron a mejorar. Mi enfermedad cobró un desarrollo más lento y comencé a hacer progresos en mi trabajo, sobre todo en la tarea de mostrar que el universo tuvo que empezar en un Big Bang.

SUE: Llegó incluso a decir en una entrevista que se consideraba más feliz que antes de caer enfermo.

STEPHEN: Soy desde luego más feliz ahora. Antes de contraer la enfermedad de las neuronas motrices, me sentía aburrido de la vida. Pero la perspectiva de una muerte temprana me empujó a comprender que vale la pena vivir. Es tanto lo que uno puede hacer, tanto de lo que cualquiera es capaz. Tengo la auténtica sensación de haber realizado, pese a mi condición, una contribución modesta pero significativa al conocimiento humano. Claro está que he sido muy afortunado, pero todo el mundo puede conseguir algo si se esfuerza lo suficiente.

SUE: ¿Se atrevería a afirmar que quizá no hubiese logrado todo lo que tiene de no haber contraído la esclerosis lateral amiotrófica o esta explicación resultaría demasiado simplista?

STEPHEN: No, no creo que una enfermedad de las neuronas motrices pueda significar una ventaja para nadie. Pero para mí resultó menos desventajosa que para otros, porque no me impidió hacer lo que quería, que era tratar de entender cómo funciona el universo.

SUE: Su otra inspiración, mientras intentaba aceptar la enfermedad, fue una muchacha llamada Jane Wilde, a la que conoció en una fiesta, de la que se enamoró y con quien se casó. ¿En qué medida cree deber el éxito a Jane?

STEPHEN: Ciertamente no hubiera podido salir adelante sin ella. El compromiso matrimonial me arrancó del cenagal de desesperación en que estaba. Si íbamos a casarnos, tenía que conseguir un empleo y acabar mi doctorado. Comencé a trabajar en firme y descubrí que me gustaba. Cuando mi condición empeoró, Jane fue la única que me cuidó. Nadie entonces nos brindaba ayuda y, desde luego, no hubiéramos podido pagar los servicios de alguien.

SUE: Y juntos retaron a los médicos, no solo por el hecho de que usted siguiera viviendo, sino porque además tuvieron hijos. Robert en 1967, Lucy en 1970 y luego Timothy en 1979. ¿Hasta qué punto se escandalizaron?

STEPHEN: De hecho, el médico que me diagnosticó se lavó las manos en el asunto. Consideró que nada cabía hacer. No volví a verlo después del dictamen inicial. Mi padre se convirtió en mi médico y a él recurrí para que me aconsejara. Declaró que no existía prueba de que la enfermedad fuese hereditaria. Jane consiguió cuidar de los dos niños y de mí. Solo tuvimos ayuda ajena a la familia después de ir a California en 1974. Primero fue una estudiante que vivía con nosotros y más tarde enfermeras.

SUE: Pero Jane y usted se han separado.

STEPHEN: Tras la traqueotomía, necesité asistencia durante las 24 horas del día. Eso significó una tensión cada vez mayor en el matrimonio. Finalmente, me marché de casa. Ahora vivo en un departamento en Cambridge.

SUE: Escuchemos más música.

STEPHEN: Los Beatles, *Please, please me*. Necesitaba un cierto alivio tras mis cuatro primeras menciones de música seria. Al igual que muchos otros, acogí a los Beatles como un soplo de aire fresco en la escena más bien rancia y enfermiza de la música popular. Solía escuchar los cuarenta principales de Radio Luxemburgo los domingos por la noche.

SUE: Pese a todos los honores conferidos, y he de mencionar específicamente que es profesor lucasiano de física en Cambridge, la cátedra de Issac Newton, Stephen Hawking decidió escribir un libro de divulgación sobre su trabajo por, supongo, una razón muy simple. Necesitaba el dinero.

STEPHEN: Aunque pensaba ganar una modesta cantidad con un libro de divulgación, la razón principal por la que escribí *Historia del tiempo* fue que me gustaba. Me atraían los descubrimientos logrados en los últimos 25 años y quise explicarlos al público. Jamás esperé que el resultado fuera tan espléndido.

SUE: Ha batido todas las marcas y figura ya en el *Guinness* por el tiempo que ha estado en las listas de libros más vendidos. Nadie parece saber cuántos ejemplares se han vendido en todo el mundo; desde luego, pasan de los diez millones. La gente, evidentemente, lo compra pero sigo haciéndome la misma pregunta: ¿lo leen?

STEPHEN: Sé que Bernard Levin se atascó en la página 29, pero conozco a muchas personas que han ido más allá. Gente de todo el mundo me ha dicho cuánto ha disfrutado con su lectura. Puede que no lo hayan acabado o quizá no entendieran todo lo que leyeron. Han captado al menos la idea de que vivimos en un universo gobernado por leyes racionales que podemos descubrir y comprender.

SUE: Lo primero que despertó la imaginación del público y suscitó un nuevo interés por la cosmología fue el concepto del *agujero negro*. ¿Ha visto usted alguna emisión de las series de *Star Trek*, "yendo audazmente a donde ningún hombre fue antes"? ¿Le gustó, si la vio?

STEPHEN: Leí mucha ciencia ficción en mi adolescencia. Pero ahora que trabajo en ese campo, me resulta demasiado simple. Es tan fácil escribir sobre viajes por el hiperespacio o acerca de personas teleportadas cuando no hace falta elaborar una descripción consistente. La auténtica ciencia presenta un interés mucho mayor porque se trata de algo que pasa realmente allí afuera. Los autores de ciencia ficción jamás imaginaron los agujeros negros hasta que los físicos los concibieron. Ahora disponemos de buenas pruebas de la existencia de bastantes.

SUE: ¿Qué le sucedería de caer en un agujero negro?

STEPHEN: Todo lector de ciencia ficción sabe lo que pasa cuando uno cae en un agujero negro. Se convierte en espagueti. Pero lo que resulta mucho más interesante es que los agujeros negros no son negros del todo. Emiten partículas y radiación a un ritmo constante. Eso determina que el agujero negro se esfume poco a poco, pero se ignora lo que con el tiempo sucede con el agujero negro y su contenido. Es un área de investigación muy interesante que aún no ha atraído a los autores de ciencia ficción.

SUE: Y a la radiación que ha mencionado se le llama desde luego *radiación Hawking*. No fue usted quien descubrió los agujeros negros, aunque haya conseguido demostrar que no son negros. Sin embargo, fue su descubrimiento lo que le impulsó a reflexionar más atentamente acerca de los orígenes del universo, ¿no es cierto?

STEPHEN: El colapso de una estrella para constituir un agujero negro es en muchos aspectos como la inversión del tiempo en la expansión del universo. Una estrella pasa de un estado de densidad bastante baja a otro de densidad muy elevada. Y el universo se expande desde un estado de densidad muy alta a densidades inferiores. Existe una diferencia importante. Estamos fuera del agujero negro, pero nos hallamos dentro del universo: ambos se caracterizan por la radiación térmica.

SUE: Usted dice que no se sabe lo que con el tiempo le sucede a un agujero negro y a su contenido. Pero creo que la teoría era que, fuera cual fuese lo sucedido, lo que desapareciera en un agujero negro, incluyendo a un astronauta, acabaría por reciclarse como radiación Hawking.

STEPHEN: La energía de la masa del astronauta se reciclará como una radiación emitida por el agujero negro. Pero el propio astronauta o siquiera las partículas que le constituyeron no saldrán del agujero negro. Así que la pregunta es: ¿qué le pasa? ¿Resultan destruidos o se trasladan a otro universo? Eso es algo que ansiaría saber y no es que piense en saltar a un agujero negro.

SUE: ¿Opera usted, Stephen, sobre una intuición, es decir, llega a una teoría que le atrae y se esfuerza por demostrarla? O, como científico, ¿progresa siempre lógicamente hacia una conclusión, sin atreverse a hacer suposiciones de antemano?

STEPHEN: Me baso bastante en la intuición. Trato de suponer un resultado, pero luego he de demostrarlo. Y en esta etapa descubro muchas veces que lo que había pensado no era cierto o que existía algo más que no se me había ocurrido. Así fue como averigüé que los agujeros negros no son completamente negros. Trataba de demostrar otra cosa.

SUE: Más música.

STEPHEN: Mozart ha sido siempre uno de mis favoritos. Compuso una cantidad increíble de música. A principios de este año, con ocasión de cumplir los 50, me regalaron sus obras completas en discos compactos, más de doscientas horas de audición. Todavía estoy con ello. Una de sus obras más grandes es el *Réquiem*. Mozart murió antes de concluirlo y lo terminó uno de sus alumnos a partir de los fragmentos que había dejado. El introito que estamos a punto de escuchar es la única parte totalmente compuesta y orquestada por Mozart.

SUE: Simplificando hasta el máximo sus teorías, y confío, Stephen, que sabrá perdonármelo, usted creyó antaño, según entiendo, que existió una creación, un Big Bang, pero ya no piensa que sucedió así. Considera que no hubo comienzo ni habrá final, que el universo existe por sí mismo. ¿Significa eso que no hubo una creación y que por eso no hay lugar para Dios?

STEPHEN: Sí, ha simplificado en exceso. Todavía creo que el universo tuvo un comienzo en tiempo real, en un Big Bang. Pero hay otra clase de tiempo, el imaginario, perpendicular al tiempo real, donde el universo no tiene principio ni fin. Esto significaría que el modo en que el universo comenzó estuvo determinado por las leyes de la física. No habría que declarar que Dios optó por poner en marcha el universo de un modo arbitrario que no podemos comprender. Nada se dice sobre si Dios existe o no existe, simplemente que Él no es arbitrario.

SUE: Pero ¿cómo explica usted, de haber una posibilidad de que Dios no exista, todas esas cosas que están más allá de la ciencia, el amor y la fe que la gente ha tenido y tiene en usted y dese luego su propia inspiración?

STEPHEN: Amor, fe y moral corresponden a una categoría al margen de la física. Nadie puede determinar cómo debe comportarse a partir de las leyes de la física. Pero cabría esperar que el pensamiento lógico que suponen la física y las matemáticas guiase también a uno en su conducta moral.

SUE: Pienso, sin embargo, que muchos creen que ha prescindido efectivamente de Dios. ¿Niega usted esto, entonces?

STEPHEN: Todo lo que mi trabajo ha demostrado es que no hay que decir que el modo en que comenzó el universo se debió a un capricho personal de Dios. Pero subsiste esta pregunta: ¿por qué se molestó el universo en existir? Si quiere, puede definir a Dios como respuesta a tal interrogante.

SUE: Escuchemos el disco número siete.

STEPHEN: Me gusta mucho la ópera. Pensé en elegir mis ocho discos con fragmentos operísticos que fuesen de Gluck y Mozart, pasando por Wagner, hasta llegar a Verdi y Puccini. Pero al final opté solo por dos. Uno tenía que ser Wagner y luego resolví que el otro fuese Puccini. *Turandot* es con mucho su mejor ópera, pero también murió antes de concluirla. El fragmento que he escogido es el relato que hace Turandot de la violación y rapto por los mongoles de una princesa de la antigua China. Como venganza, Turandot hará a sus pretendientes tres preguntas. Si no pueden responder, serán ejecutados.

SUE: ¿Qué significa para usted la Navidad?

STEPHEN: Es un poco como el Día de Acción de Gracias de los norteamericanos, un tiempo de estar con la familia para agradecer el año transcurrido. Es también el momento de pensar en el año próximo, como simbolizado por el nacimiento de un niño en un establo.

SUE: Y en términos materialistas, ¿qué regalos ha pedido? ¿O goza ya de la opulencia del hombre que lo tiene todo?

STEPHEN: Prefiero las sorpresas. Si uno pide algo específico, no otorga al donante libertad u oportunidad alguna para emplear su imaginación. Pero no me importa que se sepa que me encantan las trufas de chocolate.

SUE: Hasta ahora, Stephen, ha vivido treinta años más de lo que le anunciaron. Ha sido padre de varios hijos, mientras que le dijeron que nunca los tendría. Ha escrito un *bestseller* y ha revolucionado ideas antiquísimas acerca del espacio y del tiempo. ¿Qué más proyecta hacer antes de abandonar este planeta?

STEPHEN: Todo eso fue posible solo porque tuve la fortuna de recibir una ayuda considerable. Me complace lo que he conseguido, pero es mucho más lo que me gustaría hacer antes de irme. No me refiero a mi vida privada, sino en términos científicos. Me agradaría saber cómo unificar la gravedad, la mecánica cuántica y las otras fuerzas de la naturaleza. Deseo especialmente saber qué es de un agujero negro cuando se esfuma.

SUE: Y ahora, el último disco.

STEPHEN: Tendrá que pronunciarlo usted. Mi sintetizador de voz es norteamericano y se estrella con el francés. Se trata de una canción de Edith Piaf: *Je ne regrette rien.* Esa frase compendia mi vida.

SUE: Y si solo pudiera contar con uno de esos ocho discos, ¿cuál elegiría?

STEPHEN: Tendría que ser el *Réquiem* de Mozart. Sería capaz de escucharlo hasta que se agotaran las pilas de mi minicasete.

SUE: ¿Y su libro? Claro está que en la isla le aguardan además las obras completas de Shakespeare y la Biblia.

STEPHEN: Creo que me llevaría *Middlemarch* de George Eliot. Me parece que alguien, quizá Virginia Woolf, dijo que era un libro para adultos. Estoy seguro de que aún no he madurado, pero lo intentaré.

SUE: ¿Y su objeto de lujo?

STEPHEN: Pediré una gran provisión de *crème brulée.* Para mí es el colmo del lujo.

SUE: Nada, pues, de trufas de chocolate y en cambio abundante *crème brulée.* Doctor Stephen Hawking, gracias por habernos permitido escuchar sus *Discos de la Isla Desierta,* y feliz Navidad.

STEPHEN: Gracias a usted por elegirme. Desde mi isla desierta deseo a todos una feliz Navidad. Estoy seguro de que tendré mejor clima que ustedes.